U0271311

高绩效人力资源系统对
安全公民行为的作用机制研究

Gaojixiao Renli Ziyuan Xitong Dui
Anquan Gongmin Xingwei de Zuoyong Jizhi Yanjiu

陈晓静　著

西南财经大学出版社
Southwestern University of Finance & Economics Press

图书在版编目(CIP)数据

高绩效人力资源系统对安全公民行为的作用机制研究/陈晓静著.—成都:
西南财经大学出版社,2014.5
ISBN 978 - 7 - 5504 - 1408 - 2

Ⅰ.①高… Ⅱ.①陈… Ⅲ.①安全生产—生产管理—人力资源管理
Ⅳ.①X92②F241

中国版本图书馆 CIP 数据核字(2014)第 093385 号

高绩效人力资源系统对安全公民行为的作用机制研究

陈晓静　著

责任编辑:王　艳
助理编辑:唐一丹
封面设计:杨红鹰
责任印制:封俊川

出版发行	西南财经大学出版社(四川省成都市光华村街55号)
网　　址	http://www.bookcj.com
电子邮件	bookcj@foxmail.com
邮政编码	610074
电　　话	028 - 87353785　87352368
照　　排	四川胜翔数码印务设计有限公司
印　　刷	四川森林印务有限责任公司
成品尺寸	155mm×230mm
印　　张	11
字　　数	125 千字
版　　次	2014 年 5 月第 1 版
印　　次	2014 年 5 月第 1 次印刷
书　　号	ISBN 978 - 7 - 5504 - 1408 - 2
定　　价	36.00 元

1. 版权所有,翻印必究。
2. 如有印刷、装订等差错,可向本社营销部调换。

摘　要

　　根据安全生产和安全管理的现状，尤其是我国安全事故频发现状，本研究旨在探索高绩效人力资源系统对安全公民行为的作用机制。本研究以人力资源系统的能力—动机—机会（AMO）理论和社会交换为理论基础，探讨并验证高绩效人力资源系统（HPHRS）对安全公民行为（SCB）的中介和调节作用机制。

　　本研究利用调研一个集团企业取得的样本数据（400 个样本），提出以下假设并验证：（1）高层管理者的安全价值观对高绩效人力资源系统感知的影响；（2）高绩效人力资源系统感知对员工安全公民行为的作用；（3）员工安全知识、安全动机和安全参与在高绩效人力资源系统感知对员工安全公民行为关系中的中介作用；（4）安全氛围在高绩效人力资源系统感知和员工安全公民行为关系中的调节作用。验证结果发现：安全价值观与高绩效人力资源系统的能力提升、动机激励和机会提供呈正相关；安全知识、安全动机和安全参与在能力提升、动机激励和机会提供对安全公民行为的影响中起中介作用；安全氛围在能力提升和动机激励对安全公民行为的关系中起调节作用，但是在机会提供对安全公民行为的关系中起负相关调节作用。

结果显示，高层的安全价值观有助于高绩效人力资源系统的形成。要提升安全公民行为，员工必须具备安全知识、安全动机和安全参与，而高绩效人力资源系统的形成能提高员工的安全知识、安全动机和安全参与。同时，安全氛围可以增强高绩效人力资源系统对安全公民行为的作用。但是员工看重组织提供的机会。在组织给予的合适的机会平台上，员工可以在安全氛围较弱的环境中实现安全公民行为。本研究提出的针对安全绩效的管理措施，对解决中国面临的安全事故问题具有借鉴意义。

关键词：高级人力资源系统　安全知识　安全动机　安全参与　安全价值观　安全氛围　安全公民行为

ABSTRACT

The purpose of this study is finding the effect of high performance human resource system on safety citizenship behavior according to the safety production and safety management of the status quo. Drawing on ability – motivation – opportunity (AMO) theory and social exchange theory, this study is to propose and test a model of the mechanisms through high performance human resource system (HPHRS) affecting safety citizenship behavior (SCB) . This study develops three constitutes of high performance human resources system, develops ability, incentive motivation and provides opportunities. Respectively through safety knowledge, safety motivation and safety participation as three mediators effect safety citizenship behavior. And safety values as antecedent influence high performance human resources system.

A non-experimental survey research design was used to obtain the data in a group company (400 samples). Specifically, the assumptions and validation of the dissertation are: (1) to examine safety values as prior variable of high performance human resources system, (2) to examine the relationship of high performance human resource system and safety citizenship behavior, (3) to examine and test three mediators (safety knowledge, safety motivation and safety participation) in the relationship between high performance human resource system and safety citizenship behavior, (4) to examine and test safety climate as moderator on the relationship between three constitutes and safety citizenship behavior. We found that safety values are positively related to develop ability, incentive motivation and provide opportunities. Additionally, safety knowledge, safety motivation and safety participation mediated the relationships between three constitutes and safety citizenship behavior, respectively. Further, safety climate could be viewed as moderator except on the relationship between providing opportunities and safety citizenship behavior.

These findings suggest that high safety values is the precondition which can form high performance human resources system. But to realize safe citizenship behavior, we must accomplish employees' safety knowledge, safety motivation and safety participation. Safety climate can be viewed as a moderator when employees think more of the opportunity which the organization gives. On the platform the organization gives the employees, they can realize safe citizenship behavior even without safety climate. For safety accidents in China, the safety performance management measures this study suggests have important reference values.

Key words: High performance human resource system, safety knowledge, safety motivation, safety participation, safety value, safety climate, safety citizenship behavior

目　录

1 前言

　　面对触目惊心的企业安全事故，越来越多的学者开始关注组织安全管理方面的研究（霍夫曼、雅各布斯和朗迪，1995；霍夫曼和摩根森，1999；霍夫曼和史特泽，1996，1998；尼尔、格里芬和哈特，2000；威廉、特纳和帕克，2000；佐哈尔，2000）。根据吉诺比（1986）和阿尔法（1988）的研究，人为的失误是安全事故发生的主要原因，大多数工伤是由员工的不安全操作行为导致的。我们先看一下数据。

　　安全事故会造成人力和财力的巨大损失。在 1998 年，美国有 6026 个致命的工作安全事故和大约 380 万非致命的伤害（美国劳工统计局，2000；美国人口调查局，2000）。在 1999 年，加拿大有 833 个工作死亡事例和 379395 例工人受伤，由于工作时间延误或永久的残疾造成了经济补偿和工资损失（加拿大工人赔偿协会，2000）。显然，以上这些经济损失并不包括心理成本，比如痛苦、悲伤和迷茫，以及组织名誉的下降产生的负面效应，包括招聘不到合适的人才和影响其他方面的发展。这些数据表明了安全事故带来的巨大经济损失和对员工的职业伤害及死亡。

　　我国的安全生产状况，从整体来看与发达国家相比有很大的差距。哈马莱宁等（2006）根据国际劳工组织的统计数据对 175 个国家的职业伤害事故进行了对比研究，数据显示，在 2011 年主要发达国家十万雇员中的死亡率为 4.2 人，十万雇员中的伤害率为 3240 人；安全业绩最好的国家是英国，其十万雇员死亡率仅为 0.8 人，十万雇员伤害率仅为 632 人。而中国的十万雇员死亡率为 10.5 人，十万雇员伤害率为 8028 人。2007 年前国家安全生产监督管理总局局长李毅中指出，发展中的国家，比如印度、南非、波兰，煤矿百万吨死亡率为 0.5 人左右，我国是 2.04 人，是其他发展中国家的 4 倍左右。先进国家，如美国、澳大利亚的死亡率更低，大概分别是 0.03 人、0.05 人，我国分别是其 68 倍、40.8 倍（人民网，2007）。我国每年仅煤矿行业的死亡事故，所造成的经济损失就高达 15 亿元。

组织如何进一步加强安全管理、减少人为的安全事故，成为一个刻不容缓的研究议题。我们急于明白：（1）企业高层应该树立什么样的安全观念？（2）企业高层安全价值观如何影响企业的人力资源管理系统？（3）企业的人力资源管理又是如何塑造、影响员工的安全知识、动机的？（4）企业的安全氛围怎样与人力资源管理协同提高员工的安全行为？

1.1　现有研究

在安全管理领域，大多数研究主要集中在组织层面的安全绩效上。关于安全管理的绩效目标也有不同看法。组织安全绩效可以同时引用两个不同的概念：一种组织安全绩效是指一个组织的标准安全结果，如每年受伤的数字；另一种组织安全绩效引用一个标准的个人安全相关的行为（如伯克、萨彼、泰斯洛科和史密斯，2002；尼尔和格里芬，2004）。对于组织安全绩效衡量标准，多以客观变量来衡量，比如安全事故（巴灵等，2005）便是从各行业组织中得到的数据。而主观衡量组织安全绩效的变量不多，戴维和弗雷德里克（2003）提出的安全公民行为填补了这一空白。戴维对帕德萨夫等（1990）提出的组织公民行为研究中若干衡量题项进行修正，得出安全公民行为的概念，并研究了安全氛围如何提高安全公民行为的问题。尼尔和马克（2006）又增加了安全遵守这一变量。霍夫曼、摩根森和吉拉（2003）将组织公民行为这一概念扩展到安全领域，提出了安全公民行为（safety citizenship behavior，SCB）这一概念。安全公民行为（SCB）由安全依从和安全参与构成，分别与安全事故发生呈负相关（西马德和马钱德，1994；尼尔和格里芬，1997）。康奇和唐纳德（2008）认为管理层鼓励员工参与安全事务能与员工建立良好的合作关系并使双方相互信任。根据社会交换理论，员工会努力完成管理层要求的目标以"回报"管理层的信任；同时也能促进员工角色外的安全行为，即安全公民行为。员工在工作中产生的工作满意度、组织承诺、主管公平都会对员工组织公民行为产生显著的正向影响（帕德萨夫等，2000）。

对于安全行为和安全事故的影响因素，学者们主要集中在安全氛围和管理实践的角度上。佐哈尔（2008）认为当安全氛围和工作主人翁氛围都较高时，安全公民行为将会产生。领导和下属之间有效的工作关系以及安全氛围，特别是强调安全文化、安全价值观的组织环境，都会引起下属较高的安全公民行为表现（霍夫曼、摩根森和吉拉，2003）。佐哈尔（1980）所提出的安全氛围理论以及尼尔（2000）在此基础上提出多层次交叉模型，探讨了组织安全氛围和个人安全行为对安全绩效的影响，提供了一种可行的分析观点来解决安全绩效的问题。安全氛围经常被引用为前置变量或调节变量，来衡量产业组织对安全的重视问题，以及组织内员工关注安全的整体认知性（莫罗和克拉姆，2004；克拉克，2006；霍夫曼和史特泽，1996；佐哈尔，2000）。

在以往的研究中，最常用的安全管理方法是控制导向的人力资源管理（巴灵和哈钦森，2000）。在控制导向的人力资源管理中，激励员工只是为了使员工完成任务的必要条件。因此，控制导向人力资源管理是利用管理的职责，通过合法的权力控制员工的行为（沃尔顿，1985）。从安全管理的角度出发，控制导向的人力资源管理强调的是使用制定的规则要求员工严格执行的行为和使用奖惩措施要求员工服从规则的行为（巴灵和哈钦森，2000）。目前普遍的观点是人力资源管理在高承诺（沃尔顿，1985）和高参与（劳勒，1996）的战略导向下会更加有效。伍德（1999）指出这有别于传统的控制导向人力资源管理，即要求员工服从规则和通过监控来降低成本提高效率。高绩效人力资源系统专注于工作设计理论，鼓励员工认同公司的目标和努力实现目标（怀特纳，2001），同时强调高参与，对员工授权，通过提供更多的信息和决策的权力，形成更大的生产力。韦（2002）和伍德与沃尔（2002）对高绩效人力资源管理下了定义，高绩效工作系统是由一系列独立又相互关联的招聘、培训、激励和留住员工等组成的人力资源实践。韦（2002）指出通过使员工拥有先进的业务技能和能力，可确保组织实现"形成组织绩效的中间指标（也就是说，这些指标是员工直接控制和拥有的）和可持续的竞争优势"。高绩效工作系统假设员工作为最根本的竞争优势资源，是难以模仿并可以持续提高的，如果员工在得到足够激励的情况下，可以高绩效地完成工作任务（普费弗，1998）。这就需要鼓励实践来实现，例如参与决策、提供高质量的培训和共享信息，员工觉得受到尊重和得到能力提升，就会对组织更加忠诚和信任，从而实现绩效的提高（沃尔顿，1985；惠特利，1997）。怀特纳（2001）用社会交换理论的框架来解释这种关系，员工把人力资源管理实践的一系列措施，如招聘、培训、激励和留住员工等，看成是组织对他们的承诺。因而，员工以对组织的态度和个人行为作为回报。很多文献研究用实证支持人力资源管理对组织层面绩效的影响（J. B. 亚瑟，1992，1994；休斯里德，1995；伊克尼沃斯基和肖，1997；马克杜菲，1995；帕特森、韦斯特和沃尔，2004；韦，2002；格尔圣菲尔德，1991；德利尔、多提，1996；等等）。在高承诺导向的人力资源管理下的组织绩效明显高于控制导向下的组织绩效（J. B. 亚瑟，1994）。无论是市场导向还是财务导向的企业，员工的流动率会显著下降，个人销售量则会显著提高（休斯里德，1995）。学术界在确定高绩效人力资源管理体系的内涵和如何衡量问题上还没有一个统一的认识（贝克尔和格哈特，1996；柯林斯和史密斯，2006；达塔、格思里和莱特，2005；德兰尼和休斯里德，1996；德利尔和肖，2001；费理斯等，1998），但是普遍认为人力资源管理实践是应该多样的和相互强化的（卡佩利和纽马克，2001；休斯里德，1995；伍德和沃尔，2001）。高绩效人力资源系统是通过什么中介来影响企业绩效成为了新的研究热点。阿佩尔鲍姆（2000）提出了 AMO 理论，即通过员工能力（A）、员工激励（M）、员工机会（O）影响组织安全绩效。如果人力资源管理能够满足员工的能力、激励和机会的要求，组织的利益将最大化。企业若实施人力资源高绩效工作实务，可提升员工技能与工作动机，减少离职率发生，提高工作满意度及对组织的承诺（J. B. 亚瑟，1992；休斯里德，1995；贝克尔和休斯里德，1998）。员工感知（perception）和员工体验

（experience）被作为研究人力资源管理和企业绩效之间关系黑箱的主要中介变量（博埃尔、迪茨和布恩，2005）。

1.2　研究问题

尽管在组织的安全管理方面已有诸多研究（尼尔，2004），但这一领域尚有诸多不足之处。

第一，之前的研究大多利用角色期望理论和交换理论两个理论阐述组织公民行为的影响，例如从帮助同事或者员工喜爱的领导维度阐述领导—员工交换对组织公民行为的影响（莱德和韦恩，1997；班尼特和莱德，1996；韦恩、肖尔和莱德，1997），但是主观安全考核对于组织安全更为重要（佐哈尔，1980；斯科特，1994）。客观安全事故作为考核目标是员工角色内或者任务内的安全绩效，也就是说安全绩效没有完成，就代表有安全事故发生。那么有没有可能在事故发生前就可以作为安全绩效考核的变量，是本研究想解决的问题。组织考核安全绩效多以客观安全事故为考核目标（巴灵和凯瑟琳，2002；佐哈尔和吉尔，2005）。针对以往研究中降低员工安全事故滞后性和安全遵守等角色内行为的局限性，在已有文献基础上进一步研究员工的安全公民行为的探讨为员工安全行为和绩效研究提供了一个新的方向。

第二，高绩效人力资源系统的衡量还没有一个统一的认识，高绩效人力资源系统源于学者们对人力资源最佳实践的探索（J. B. 亚瑟，1994；休斯里德，1995）。随着研究的深入，学者们认为最佳实践之间存在互补性和协同效果（格里安和斯卡杜拉，2000），在研究方法上也很难把单项实践的效应和系统效应有效区分（德利尔和肖，2001），因此把研究重点转向人力资源管理系统而不再是单项最佳实践（班伯格和麦休拉姆，2000）。高绩效工作系统、高参与工作系统、高承诺工作系统是最佳实践所构成的新型人力资源管理系统（班伯格和麦休拉姆，2000）。关于这些人力资源管理系统应该包含哪些最佳实践，学术界并没有一致意见。高绩效人力资源系统不同研究所用的测量并不一致。根据 AMO 理论，高绩效人力资源系统有三个子系统。分别是能力提升、动机激励和机会提供。

第三，人力资源管理与员工的安全绩效之间作用机制没有得到解释（费理斯、巴克利、法雷尔库和弗林克，1999；贝克尔和格哈特，1996；查德威克和卡佩利，1999；戴尔和里夫斯，1995）。目前研究主要集中在对企业绩效的影响，很少文献研究是否可以从高绩效人力资源管理的角度思考安全绩效提高的方法和措施。研究员工离职率在人力资源管理影响企业绩效过程中的中介作用，通过有效的人力资源实践，提高员工满意度，降低员工离职率，从而实现企业绩效的提高（休斯里德，1995；巴特，2002），具有很强的实践意义，但是人力资源管理为什么能够影响企业提高组织能力，并且形成企业组织建立和发展竞争优势的独特资源，没有得到解释和验证。将经理人员的社会网络资源作为人力资源管理对企业绩效的影响中介（柯林斯等，2003），或者将员工的感知作为中介（帕克、费和比约克曼，2003）还有把员工队伍的素质能力等因素的中介作用的研究（李书玲等，2006），都只是从一个侧面或者局部地揭示了人力资源管理影响企业经营结果的机理，并不能反映人力资源管理是如何影响员工的技能、动机和参与性，最终促进企业结果的全貌。因此，在探索人力资源管理如何对企业员工的安全行为产生作用的过程中，我们需要弄清为什么会产生这种作用，内在机制是什么，及需要厘清这种关系的中介变量。

第四，如上所述，人力资源系统对员工安全行为在安全管理的文献中已有论述。但是，我们不清楚在组织环境中，什么因素影响或促进了对高绩效的人力资源系统。较少的研究探讨企业高层的安全价值观可能对高绩效的人力资源系统的作用。安全价值观是安全文化的核心要素，彼得斯和沃特曼（1982）将组织文化界定为组织成员共同遵守的价值观念，使所有人都能够甘心情愿接受的一种做事规范。高层管理者对安全的态度形成的组织安全价值观，对安全管理的人力资源系统的制定和实践产生什么影响，能否通过员工对安全管理的感知，从而影响员工的安全公民行为。这一研究目前是空白。

第五，以往的研究关注安全氛围如何对安全绩效产生影响（莫罗和克拉姆，2004；克拉克，2006；霍夫曼和史特泽，1996；佐哈尔，1980，2000；尼尔，2000)，却很少分析安全氛围可能充当安全管理的外在条件。高绩效人力资源系统在什么情况下会更有利于激发员工的安全公民行为？良好的安全氛围，显然对安全管理工作，如通过人力资源管理来提高员工安全行为，提供良好的润滑剂。

1.3　研究目的

本研究的目的在于理论探讨并实证分析高绩效人力资源系统（HPHRS）对安全公民行为（SCB）的作用机制。详言之，本研究提出并检验：（1）高层管理的安全价值观对高绩效工作系统的影响；（2）高绩效工作系统对安全公民行为的作用；（3）员工安全能力、安全动机和安全参与的中介作用；（4）安全氛围的影响。在实践方面，提高安全绩效的管理措施，为解决中国面临的安全事故问题提供借鉴。

组织中的个体员工经常面临多种竞争和不同的角色期望。研究表明，这些不同的角色期望不仅使个体产生明显的角色模糊和角色冲突（艾尔根和霍伦贝克，1991），还会对他们如何清晰定义自身在组织中的角色和个体行为起到促进作用（莫里森，1994）。在不同的条件下，个体如何选择和定义特定的个体角色行为这个问题仍然没有得到解决。比如，在角色期望分别是质量、效率或者是安全等目标时，个体行为的表现也是不同的。高绩效人力资源系统也可以提高企业的安全绩效。这种假设是在把安全当成一种绩效变量的基础上成立的，正如生产率、利润、销售、质量控制和客户投诉作为绩效变量一样（格里菲思，1985；基维迈基、卡里莫和萨米宁，1995）。普费弗（1998）指出，组织绩效指标确定是非常重要的，成功企业绩效的设定往往超越财务指标，是一种独特的绩效标准。在本研究中，预测高绩效人力资源管理系统会影响个人安全行为，而且这种影响会随着员工感知到组织安全氛围的提高而更加明显。

本研究分析了在安全管理领域高绩效人力资源系统理论是如何发挥作用的，深入验证了其对安全行为绩效的影响机制，揭示了安全管理领域的"黑箱"；同时，对如何产生高绩效人力资源系统给出了答案，通过组织安全价值观的影响，形成有效的人力资源管理实践从而影响安全行为。本研究提出了高绩效人力资源系统对安全公民行为的影响机制，并且针对高绩效人力资源系统的不同纬度对中介机制的影响进行了分析。

从高绩效人力资源系统的形成因素来分析，资源导向和控制导向的人力资源管理可从不同纬度构成最佳实践（班伯格和麦休拉姆，2000），如何形成高绩效人力资源系统是非常必要的。本研究提出了高层管理者安全价值观对人力资源系统的影响。

由于高绩效人力资源系统对安全公民行为影响的外部条件不清楚，本研究提出将安全氛围作为外部条件，来调节高绩效人力资源管理系统对安全公民行为的影响程度，弥补了以往研究的不足。随着安全氛围的强烈程度加深，二者的影响关系也会变得显著。

1.4　研究贡献

我们的研究对组织安全管理有以下四方面的贡献：

首先，在高绩效人力资源系统影响安全公民行为的机制中，提出了中介因素，并且深入分析了高绩效人力资源系统各维度捆绑对 AMO 理论的解释，完善了 AMO 理论的影响机制，对不同领域的高绩效人力资源系统具有指导意义。

其次，阐述了高绩效人力资源系统的形成机制，解决了组织需要具备什么条件才能够形成高绩效人力资源系统的问题。提出高层安全价值观通过高绩效人力资源系统实现员工安全公民行为，完善了高绩效工作系统理论体系。

再次，本研究提出安全氛围作为外部条件，调节高绩效人力资源系统对安全公民行为的影响程度，即高绩效人力资源系统对安全公民行为的影响会随着安全氛围的强烈程度而显著，完善了安全管理的外部条机制。

最后，中国的高风险行业和大规模的劳动密集型产业的安全事故普遍高于西方国家，对人力资源管理系统的研究提出了挑战。本研究通过对高绩效人力资源系统对安全公民行为的影响机制的分析，提出了实际可行的意见供中国企业参考，以帮助中国企业完善安全管理系统，对降低安全事故的发生、提高安全绩效具有一定的借鉴作用。

1.5　研究流程

为了达成研究目的，本研究分六个部分组成，现将各部分的具体内容阐述如下：

第1章：提出研究主题。根据现有文献研究的归纳，分析安全领域研究的空缺，找到研究立脚点确定本研究的主题。

第2章：文献回顾。围绕研究主题，搜集、整理和分析国内外相关的文献资料，作为本研究的理论基础，并归纳各变量的影响因素。

第3章：建立研究架构和假设。通过对第二章的资料进行分析、整理和归纳来建立本研究的架构和基本假设，给出假设模型。

第4章：选择研究方法。根据研究架构与研究假设，选择合适的研究分析方法加以验证，并且验证各量表的信度和效度。

第5章：得出研究结果。将回收的问卷数据输入计算机，利用相关统计软件进行分析研究，以验证本研究假设。

第6章：总结与展望。对分析结果进行谈论，提出本研究的结论，并对后续研究提出建议。

2 文献综述

根据 AMO 理论，本研究探讨高绩效人力资源系统对安全公民行为的作用机制。高绩效人力资源系统是通过对员工技能、动机和机会三方面的影响来实现员工绩效的改变的。根据社会交换理论，当员工感受到组织的投入时，就会以一种主动积极的方式回报组织，展现出有利于组织的安全公民行为。总之，当员工感受到组织通过人力资源管理对自身的技能、动机和机会给予了培养和发展，就会超越工作职责本身，积极主动地以职责外的行为回报组织。

2.1 理论背景

战略性人力资源管理理论（SHRM）已经被很多的研究实证证明，研究者可从这些实证研究中寻找某种特定的理论研究视角。从近几十年的研究综述中可见，到目前主要有三种特定的战略性人力资源管理视角，分别是普遍性视角、权变视角和组合视角。本研究综合利用了三种视角来阐述变量之间的关系：利用普遍性视角构建模型在不同组织中的适用性，利用组合视角阐述高绩效人力资源系统的概念构成，利用权变视角阐述高绩效人力资源管理的前置变量形成。普遍性视角、权变视角和组合视角构建了以下三种不同的理论模型。

第一，普遍性视角（universalistic perspective）。普遍性视角是指虽然在不同的组织中，理论包含的自变量和因变量的作用联系却有着相似点和一致性。比如，不管什么样的组织特点，对于经理人员的股权长期激励还是对于员工薪酬的短期激励计划都能够使组织获得很好的财务绩效（伦纳德，1990；格哈特和米尔科维奇，1990）。德利尔和多提（1996）也支持相同观点，认同普遍性视角。他们在原有的研究基础上，建立了七项人力资源管理的实践措施，包括：组织内部职业机会、科学有效的培训机制、合理的评价指标、利润共享、雇佣保障制度的完善、申诉制度的健全和清晰的工作界定。

第二，权变视角（contingency perspective）。权变视角是指组织人力资源管理措施需要和组织战略一致，当组织战略因为环境因素或组织其他原因发生改变，人力资源管理政策也需要调整。舒勒和杰克逊（1998）研究表明，根据组织战略的不同而适时调整组织人力资源管理实践，人力资源管理实践会显著影响组织绩效。组织战略是权变视角模型中最主要的权变因素。

第三，组合视角（configuration perspective）。组合视角要求从垂直匹配和水平匹配两方面满足，即既要符合组织战略的匹配又要符合组织内部人力资源的实践。因此，研究者根据组合视角开发了多个同等有效的人力资源实践组合（J. B. 亚瑟，1992）。并且，为了验证人力资源管理实践组合对组织绩效产生的效应大于单一的人力资源管理实践，根据人力资源管理推导出了具体能促进组织绩效的组合或者是捆绑。刘（2007）根据十项人力资源管理实践推导出三个捆绑，分别是提升技能的捆绑、提高动机的捆绑和提高机会的捆绑，来影响组织绩效。

德利尔和多提（1996）认为以上三个理论视角都可行，根据不同的视角人力资源管理和组织绩效以及战略的假设关系会不同。高绩效人力资源管理系统就是实践的组合，验证其与组织绩效的关系，与权变视角并不冲突，本章从以上多视角阐述 AMO 理论和交换理论在本研究中的应用。

2.1.1　AMO 理论

阿佩尔鲍姆（2000）提出了高绩效系统理论（Ability-Motivation-Opportunity，AMO），也被称为 AMO 理论。该理论将员工的能力、员工的动机和员工参与机会作为函数，构成员工绩效。人力资源管理实践只有满足员工的能力、动机和参与机会这些变量，才能实现员工绩效。AMO 理论模型公式表示为：

员工绩效 = f［员工能力（A），员工动机（M），员工机会（O）］

员工绩效是指由员工本人所控制、与组织目标实现相关的行为。根据坎贝尔（1993）的绩效理论，决定员工绩效的是陈述性知识、过程性知识、技能和动机。陈述性知识指完成任务所必需的知识、技能、原理和程序。过程性知识和技能是实际承担工作中所需要的技能。动机是员工选择努力的时机、水平和时间的长短。员工知识、技能和动机的联合和相互作用决定了员工的绩效。战略人力资源管理综合了这些观念，认为员工能力和努力是决定个人绩效的关键要素，但是从更高的层面上分析，尽管员工的能力和总人力资本水平决定了员工的贡献，但是员工还是需要合适的态度和动机来实现这些贡献。理论解释了高绩效人力资源管理实践的目的是形成组织的人力资本，通过三种机制可形成人力资本：一是影响员工的能力，通过培训等方式满足员工知识、技能和能力的需求，建立人力资本；二是影响动机，通过激励报酬引导员工认同组织期望，最大化发挥人力资本潜能；三是提供工作机会，对有技能和动机员工提供参与决策和学习的机会（坎贝尔，1993），调整工作结构、创新的工作实践和授权也可以视为工作机会（马克杜菲，1995；奥斯特曼，1994）。AMO 理论解释了人力资源管理实践通过什么中介实现企业绩效的"黑箱"。在过去 20 年研究人力资源管理与组织绩效的论文中，AMO 理论得到了普遍运用（保罗，2005）。

在研究安全管理的领域，安全绩效作为组织绩效，高绩效人力资源管理就要通过安全知识（温诺格拉德和弗洛勒斯，1994；拉姆齐，1998；菲利浦，1998；佐哈尔，2000，2004；莲娜等，2001；塔希拉，2001；哈迪库斯曼，2004；伯克，2009；普罗布斯特，2010）、安全动机（伦斯特，1994；霍夫曼，1995；佐哈尔，2000，2004；莲娜等，2001；林嘉德，2002；巴灵，2005；尼尔等，2006；哈泰尔，2011）和安全参与（伯奥曼和莫特维多，1993；伦斯特，1994；佐哈尔，2000，2004；莲娜等，2001；林嘉德，2002；尼尔等，2006；哈洛韦尔，2006；帕伯替阿，2008；马伦，2009；青山，2011；苏亚雷斯，2012）三个中介变量来影响员工的安全绩效。高绩效人力资源系统直接影响员工完成任务的安全能力，主要是满足员工的安全知识、安全技能和安全能力的需求（克里斯汀、华莱士、布拉德利和伯克，2009）；高绩效人力资源管理系统影响员工完成任务的安全动机，主要是对安全完成任务的员工提供激励和报酬，引导员工认同哪些安全行为是组织期望和支持，并且给予奖励的（普罗布斯特和伊库尔，2010）；高绩效人力资源系统提供员工安全参与机会，主要是满足员工参与安全政策的制定和许可证管理安全操作以及维护安全生产等（维诺德·库马尔和贝斯，2010）。

学者们从微观和宏观层面研究组织行为学领域（卡佩利和谢勒，1991；卢梭，1985）、人力资源管理领域（费理斯、巴克利和弗林克，1999；莱特和鲍斯威尔，2002）、战略管理领域（肖特、帕尔默和凯琴，2003）和企业家精神领域（格兰特等，2007；桑顿，1999）的内容。把微观和宏观层面通过经济和社会系统嵌入到个人、群体和组织三个系统层面中（珍妮丝、罗伯特和帕特里克，2011；罗伯茨、班伯格和麦休拉姆，2000；卢梭，1978）。那么在人力资源管理中，微观的个人层面都是借鉴心理学的范畴来衡量的（科兹洛夫斯基，2009；卢梭，2000），而组织层面则以经济学的范畴来衡量（巴尼，1986；考恩和乔纳德，2009）。两个学术领域范畴的理论和方法都不同，心理学范畴则都是以"感知"来衡量的（珍妮丝、罗伯特和帕特里克，2011）。

卢梭（1994）提出员工心理契约研究主要分析多样的组织者实践对个体员工层面的影响关系，特别是组织中人力资源管理实践形成员工对组织的交换关系，尤其是心理契约层面。同时，多样的人力资源管理实践的组合持续不断地向员工传达彼此期望。格斯特（1998）验证了相似观点，认为组织文化和人力资源管理实践及措施都能形成员工—组织的心理契约。综上所述，大量研究都聚焦在员工对人力资源管理实践的个人感知层面，也就是说，心理契约和员工对人力资源管理实践的感知程度是影响个体层面员工态度和员工行为的最佳视角（莱特和鲍斯威尔，2002）。同时许多实证研究证明了这种观点——核心事件对新员工产生心理契约影响，比如员工对随意着装和卑微的工作分配产生感知（冈德里和卢梭，1994），从而影响员工行为和获取组织信息的动机（托马斯和安德森，1998）。心理契约的实现对公司也不全是积极的，比如对员工创造企业价值有积极作用，却有可能对信任和满意度起消极作用（鲁滨孙和卢梭，1994）。组织的诱因包括绩效奖励、晋升机会、安全感和机会提供的组织承诺等，如果组织投入诱因和员工对诱因的感知相差越大，员工对组织的满意程度就会越低（波特、皮尔斯、黎波里和路易斯，1998）。分析雇佣关系的其他相关研究，以个体层面的绩效作为结果变量，阐述了个体感知对个体层面绩效的影响。根据员工和组织分别承担的责任，可以把员工—组织关系分为四种类型：共同高承担、员工低承担、员工高承担和共同低承担（肖尔和巴克斯代尔，1998）。结果显示员工和组织共同高承担的关系会带来员工的高组织承诺，对组织支持产生高感知度，同时更加乐观地看待工作任务并向往继续为组织工作。皮尔斯、波特和黎波里（1997）的研究利用四种员工—组织关系模式分别对员工个体层面的绩效影响，深入分析了组织期望和诱因的平衡问题，就是如何把握个人绩效的设定考核和给予奖励措施的平衡。

AMO 理论框架把焦点集中在个人层面上，能力、动机和参与都是员工个人层面，AMO 理论最终的影响结果也是员工个人的绩效（贾普和鲍威，2009）。在安全管理的领域，AMO 理论框架中包含的变量也都是个人层面的变量，员工安全能力、员工安全动机和员工安全参与是高绩效人力资源管理和个人安全绩效关系的三个中介变量。

本研究在个人层面研究安全管理问题，高绩效人力资源管理不是组织层面而是员工对高绩效人力资源管理的感知。根据权变理论，高绩效人力资源管理是根据组织战略和高层管理者的价值观来设计的，不是每个员工都能对组织实施的高绩效人力资源管理实践有着同样的理解和感知。当每个员工对接触到的人力资源管理内容都有共同的理解时，才能形成心理氛围的感知，促进共享的感知，形成组织氛围。狭义的组织氛围比广义的组织氛围更具有效用，比如服务导向的组织氛围可以影响员工的服务绩效，安全氛围可以影响事故发生率（麦基等，2007）。所以本研究将安全氛围作为调节变量，在高绩效人力资源管理对员工安全绩效影响中起调节作用。将安全氛围作为调节变量的诸多研究，如下：基南等，1951；伦斯特，1994；崇智，2000；佐哈尔，2000，2004；莲娜等，2001，2002；巴灵等，2005；尼尔等，2006；帕伯替阿等，2008；马伦等，2009；克里斯汀等，2009；博斯等，2009；哈泰尔，2011；卡普，2012。根据权变理论，高绩效人力资源管理是围绕组织战略和价值观制定的，所以本研究将组织安全价值观作为前置变量，同样是员工感知的组织价值观。

2.1.2　社会交换理论

因为员工—组织关系的心理契约研究表明员工对人力资源管理实践的感知会影响员工个体层面的态度、行为等个人绩效（卢梭，1994；格斯特，1998；莱特和鲍斯威尔，2002；冈德里和卢梭，1994；托马斯和安德森，1998；鲁滨孙和卢梭，1994；波特、皮尔斯、黎波里和路易斯，1998；肖尔和巴克斯代尔，1998；皮尔斯、波特和黎波里，1997），所以社会交换理论以及相似的员工—组织关系的贡献—诱因理论是安全公民行为作为结果变量的理论基础。

社会交换理论最早是由巴纳德（1938）提出，认为组织对员工的投入和员工对组织的贡献是一种交换关系。个人的协作意愿是组织成立的条件，个人是否愿意协作取决于贡献和诱因的平衡。员工—组织关系（Employee-Organization Relationship，EOR）又称雇员关系（Employment Relationship），是人力资源管理的特定领域（罗伯特和杰尼斯，1992）。徐（1995）以社会交换理论为基础建立了投入/贡献模型，认为员工—组织关系就是组织对员工贡献的期望和组织实际提供给员工的激励。将投入/贡献模型和心理契约合并在一个过程模型中，就形成了组织—员工双向视角的员工关系（徐，2002）。组织投入又称作诱因（巴纳德，1938），包括提升、回报、奖励、培训、长期工作保障、职业发展、人事支持（卢梭，1990）。后来又添加了丰富化的工作、公平的工作、成长机会、晋升、支持性的工作环境、福利（鲁滨孙等，1994）。赫里奥特和曼宁（1997）以管理者代表组织，对英国各行业 184 名管理者和 184 名员工做了心理契约研究，两类心理契约中的组织责任包括：培训、公正、关怀、协商、信任、友善、理解、安全、一致、薪资、福利和稳定。布劳恩（2000）对社会交换理论的论文分析得到组织投入包括：培训、教育、技能发展机会；员工参与决策/授权、公开、诚实、沟通；职业生涯帮助；薪酬绩效匹配；挑战的、有意义的、有兴趣的工作；工作、非工作生活平衡；绩效回馈；晋升机会；赞扬、认可（非货币）；友好的、合作的、有趣的工作环境；传统工作保障。高绩效人力资源管理通过满足员工的能力、动机和参与的兴趣和要求来实现员工绩效，视为组织对员工的投入。

员工贡献是在交换过程中员工对于组织投入产生的回报。卢梭（1990）在实证研究中认为员工贡献主要是任务绩效，比如加班工作、离职前通知等。鲁滨孙（1994）、赫里奥特（1997）和布劳恩（2000）都以非任务绩效作为员工贡献，即与工作任务不直接相关的任务完成的情况，如接受内部工作调整、体现组织形象等。奥根

（1988）用组织公民行为的概念诠释非任务绩效：一种超越员工角色要求且有利于或意图有利于组织的自发性员工行为，指出社会交换理论是组织公民行为的理论基础。根据社会交换理论，本研究中组织投入是高绩效人力资源管理系统对员工安全能力、安全动机和安全参与的满足，那么员工贡献是安全公民行为（范达因、卡明斯和麦克莱恩·帕克，1995；范达因和格雷厄姆，1994；范达因和勒平，1998），形成员工—组织的交换关系。本书的研究领域是安全管理，依据社会交换理论，将安全公民行为作为结果变量，分析高绩效人力资源管理系统对其的影响机制。

2.2　高绩效人力资源系统

2.2.1　概念构成

高绩效人力资源系统（High Performance Human Recourse Systems，HPHRS）对企业绩效的影响作用在近二十年的人力资源管理研究中吸引了很多研究者。通过大量的实证研究表明，高绩效人力资源系统对企业绩效具有显著的促进作用（J. B. 亚瑟，1992，1994；休斯里德，1995；马克杜菲，1995；德利尔和多提，1996；克林，1995；贝克尔和格哈特，1996；普费弗，1994；纳哈皮特等，1998；卡普尔和诺顿，2000；托马，2001；巴尼，2001；贝克尔、休斯里德和乌尔里克，2001；巴特，2002；柯林斯和克拉克，2003；汤普森和思特里克兰德，2003；斯内尔，2004；贝克尔和休斯里德，2006；阿里耶等，2007）。高绩效人力资源系统的定义与传统人力资源管理的定义不同，有别于传统微观层次的人力资源管理只通过单一的人力资源系统研究员工个人层次的态度如工作满意度等问题，高绩效人力资源系统转向了根据企业战略和价值观形成的宏观层次，通过多种人力资源管理政策的组合影响来研究企业绩效问题。因此，高绩效人力资源系统被定义为一系列以逐项可加的方式有助于企业经营绩效提高的人力资源管理措施（普费弗，1994）。由于学术界在确定高绩效人力资源系统的内涵和如何衡量问题上还没有一个统一的认识（贝克尔和格哈特，1996；柯林斯和史密斯，2006；达塔、格思里和莱特，2005；德兰尼和休斯里德，1996；德利尔和肖，2001；费理斯，1998），在相关研究文献中，几乎找不到以同一种方法定义和衡量高绩效人力资源管理的研究（德兰尼和休斯里德，1996）。学者们用来衡量和定义高绩效人力资源管理措施的指标既有单一措施层次的人力资源管理政策（伯格，1999；卡佩利等，2001；贝克尔等，2001），也有模式层次上的人力资源管理体系（J.B. 亚瑟，1994；休斯里德，1995；马克杜菲，1995）。

从衡量的方法上，J.B. 亚瑟（1994）和刘（2007）都采用了对各项维度进行再次捆绑的聚类分析。J.B. 亚瑟（1994）选用单位产出的工时、次品率和员工离职率作为衡量企业经营绩效的指标，运用 1988 年至 1989 年美国小型钢铁企业的调查数据研究了不同类型人力资源管理模式对企业绩效的影响。他根据人力资源管理政策措施的特征，采用聚类分析的方法，将这些企业的人力资源管理体系划分为控制型的人力资源管理体系和承诺型的人力资源管理体系两种类型。该研究的结果表明，在对企业经营绩效的影响上，与高绩效人力资源管理模式相一致的承诺型的人力资源管理体系明显优于控制型的人力资源管理体系。刘（2007）将 10 项人力资源管理实践推导出 3 个捆绑，分别是提升技能的捆绑、提高动机的捆绑和提高机会的捆绑，来影响组织绩效。研究表明，人力资源管理实践出现捆绑和聚类分析，从组合视角深入研究人力资源管理实践构成框架（班伯格和麦休拉姆，2000）。人力资源管理系统不再是单一的构成，只有组合实践措施才能完成组织绩效（德利尔和肖，2001），即使单一的"最佳实践"（见表2-1），也需要整合在高绩效的人力资源管理系统中，才能对组织绩效产生最大影响（格里安和斯卡杜拉，2000）。

表2-1　　　　　　　　单一的"最佳实践"汇总

最佳实践	
工作分析	休斯里德，1995 伊克尼沃斯基，1990 贝克尔和休斯里德，1998
基于团队的工作组织	马克杜菲，1995 伊克尼沃斯基，1997 阿佩尔鲍姆，2000
质量/成本/技术参与管理小组	J. B. 亚瑟，1994 休斯里德，1995 马克杜菲，1995 伊克尼沃斯基，1997 阿佩尔鲍姆，2000 伊克尼沃斯基，1993 达塔，2003 贝克尔和休斯里德，1998 莱特等，2003
工作决策分权/自主性	J. B. 亚瑟，1994 德利尔和多提，1996 阿佩尔鲍姆，2000
广泛选拔优秀人才/选拔比例	休斯里德，1995 德利尔和休斯里德，1996 达塔，2003
严格的选拔流程	休斯里德，1995 伊克尼沃斯基，1997 休斯里德等，1997 达塔，2003 贝克尔和休斯里德，1998 莱特等，2003

表2-1(续)

最佳实践	
严格的招聘标准	马克杜菲，1995 伊克尼沃斯基，1993
工作轮换	马克杜菲，1995 伊克尼沃斯基，1997 伊克尼沃斯基，1993
内部晋升/职业发展	休斯里德，1995 德利尔和多提，1996 德利尔和休斯里德，1996 阿佩尔鲍姆，2000 伊克尼沃斯基，1990 达塔，2003 贝克尔和休斯里德，1998 莱特等，2003
员工的培训时间	休斯里德，1995 马克杜菲，1995 穆迪等，1994 贝克尔和休斯里德，1998 莱特等，2003
正式的培训体系	德利尔和休斯里德，1996 阿佩尔鲍姆，2000 休斯里德等，1997 伊克尼沃斯基，1990 伊克尼沃斯基，1993 穆迪等，1994
培训覆盖内容/交叉、通用、专业能力培训等	J. B. 亚瑟，1994 伊克尼沃斯基，1993 达塔，2003 贝克尔和休斯里德，1998
培训效果评估	德利尔和休斯里德，1996 穆迪等，1994
规范定期的绩效考核	休斯里德，1995 休斯里德等，1997 贝克尔和休斯里德，1998 史密斯，1996 莱特等，2003
正式的绩效回馈	达塔，2003 史密斯，1996

表2-1(续)

最佳实践	
评价/开发性绩效考核	德利尔和多提，1996 史密斯，1996
人均劳动力成本/薪酬水平	J. B. 亚瑟，1994 阿佩尔鲍姆，2000
基于绩效的薪酬	J. B. 亚瑟，1994 休斯里德，1995 马克杜菲，1995 德利尔和多提，1996 德利尔和休斯里德，1996 伊克尼沃斯基，1997 阿佩尔鲍姆，2000 贝克尔和休斯里德，1998 史密斯，1996 莱特等，2003
利润、节余分享	休斯里德，1995 马克杜菲，1995 德利尔和多提，1996 伊克尼沃斯基，1997 阿佩尔鲍姆，2000
基于团队的报酬	阿佩尔鲍姆，2000 穆迪等，1994 达塔，2003
申诉和争议解决机制	J. B. 亚瑟，1994 休斯里德，1995 德利尔和多提，1996 德利尔和休斯里德，1996 伊克尼沃斯基，1990 伊克尼沃斯基，1993 达塔，2003 贝克尔和休斯里德，1998 莱特等，2003
正式的态度/意见调查	休斯里德，1995 休斯里德等，1997 达塔，2003 贝克尔和休斯里德，1998
员工参与管理委员会	J. B. 亚瑟，1994 休斯里德，1995

表2-1(续)

最佳实践	
员工建议系统	J. B. 亚瑟，1994 休斯里德，1995 马克杜菲，1995 贝克尔和休斯里德，1998
就业保障	德利尔和多提，1996 伊克尼沃斯基，1997 阿佩尔鲍姆，2000 伊克尼沃斯基，1993
正式的信息分享制度（作业、财务信息）	休斯里德，1995 伊克尼沃斯基，1997 阿佩尔鲍姆，2000 伊克尼沃斯基，1993 达塔，2003 贝克尔和休斯里德，1998
员工管理者以及员工间讨论工作问题的频率	伊克尼沃斯基，1997 阿佩尔鲍姆，2000

特拉斯和格拉顿（1994）也认为，面对快速变化的外部竞争环境，组织根据策略性发展目标制定相关的人力资源管理措施，不仅有助于改善组织绩效，而且有助于培养创新与弹性的企业文化，进而提升组织能力，获得竞争优势。战略人力资源管理需要和企业策略匹配，J. B. 亚瑟（1992）、德利尔和多提（1996）都以策略组合为人力资源管理的衡量指标。J. B. 亚瑟（1992）采用了波特的组织策略类型，将组织策略分为成本领先与差异化策略。在对全美55家钢铁厂开展实证研究后发现采用成本领先策略的组织，劳资关系偏向降低成本（Cost reduction）人力资源管理系统。而采用差异化策略的组织，劳资关系则偏向承诺最大化（Commitment maximizing）人力资源管理系统。其中，德利尔和多提（1996）以迈尔斯和斯诺（1978）的三种组织策略为依据，发展出两套对应的人力资源管理系统：一套为市场导向型（Market

-type system)，另一套为内部发展型（Internal system）。主张采取拓荒者（Prospector）竞争策略者配合市场导向型系统（Market-type system）。而采取防御者（Defender）竞争策略者则应契合内部发展型系统（Internal system）。事实上，组织通过有效的人力资源管理系统，如人力资源规划、人才任用、员工绩效评估、员工薪酬、培训与发展员工，以及工会与管理阶层的关系等，必能吸引并留住合格且胜任的员工。同时组织加之于适当的员工激励，则能获得较佳的企业利润、较低的员工流动率、较高质量的产品、较低的生产成本，以及快速接受并执行组织的策略的能力，进而获得较佳的组织绩效（舒勒和麦克米伦，1984）。舒勒（1989）把人力资源管理根据资源基础理论定义，将人力资源的系统形态分为累积型、效用性及协助型三种，根据终身制、短期用工和二者之间的长期合同制用工来衡量人力资源管理。

　　基于资源导向和控制导向的组合个体层面的人力资源管理实践开始引起学者们的研究兴趣，从理论和方法的两方面与组织层面的人力资源管理进行比较分析（休斯里德，1995）。因此，研究人力资源管理实践与组织绩效的关系必须聚焦在具有多样性组合的人力资源管理系统中，从而实现个体层面的绩效研究对组织层面绩效的影响（德利尔和多提，1996）。然而，捆绑和聚类的人力资源系统结构是多变和不一致的，因为没有理论作为支持，所以出现了多种捆绑和聚类类型。班伯格和麦休拉姆（2000）指出了两类人力资源管理理论：资源导向人力资源管理和控制导向人力资源管理。资源导向人力资源管理是把员工作为人力资本的竞争优势，从内部和外部两方面进行管理实践。内部人力资本形成主要靠广泛地培训提升员工的技能，安全地完成生产等；外部人力资本由甄选和招聘机制来实现（班伯格和麦休拉姆，2000）。

资源基础理论（Resource-Based View，RBV）认为持续的、不可模仿和替代的资源才是竞争优势（巴尼，1991），但是单一的人力资源实践容易被复制，所以不能使竞争优势持续，而人力资本即拥有高技能和高激励员工才能形成持续竞争力（莱特，1994）。组合人力资源实践由于根据组织战略特点难以模仿，通过人力资源管理可以形成人力资本（拉多和威尔逊，1994），高绩效人力资源系统是战略人力资源管理实践，是组合人力资源管理实践（贾普和鲍威，2009），可以形成组织人力资本，而组织人力资源实践本身也可以使组织具有持续竞争优势。人力资本的产权是组织、员工通过高绩效人力资源管理，通过能力、动机和参与提高了员工绩效，形成了组织层面的人力资本。所以资源基础理论是研究组织层面的人力资本形成问题。相反，控制导向人力资源管理重视的是监管员工和员工依从的控制系统，过程导向的控制和结果导向的控制是两个不同的控制导向人力资源管理系统（乌奇和马奎尔，1975；汤普森，1967）。过程导向的控制主要依靠专项的培训（奥斯特曼，1987；舒勒和杰克逊，1988；J. B. 亚瑟，1992，1994；德利尔和多提，1996），明确的工作设计与描述（舒勒和杰克逊，1987；奥斯特曼，1987；寇肯和卡茨，1988；J. B. 亚瑟，1992，1994；马克杜菲，1995；徐等，1997）以及有效的评估激励（沃尔顿，1985；劳尔，1988；马克杜菲，1995；等等）来实现。资源—控制职能进一步完善了人力资源管理的效用，在形成资源的基础上如何持续并维持资源竞争力（斯内尔和迪安，1992）。根据资源—控制职能，人力资源管理系统可以分成两类，分别为行政管理（Administrative HR）型人力资源管理系统和人力资本强化型人力资源管理系统（Human-capital enhancing HR）（斯内尔、迪安和李派克等，1996）。行政管理型人力资源管理系统的人员招募以一般工作技能为主。训练方面则是按照组织的政策或是制度做简单的员工训练，但重视程序、过程上的训练。以结果为导向作为绩效衡量的标准。人力资本强化型人力资源管理系统组织着重于技术、问题解决能力的员工，进行甄选、对外招募，会进行多元化、且能自我解决问题等相关的训练课程。以行为观点为基础作为衡量绩效的标准。包括全面的培训、员工参与、工作分析、按照客观量化标准进行行业业绩考核、内部晋升、利润分享和提供就业安全在内的人力资源管理测量维度是人力资源管理研究中获得普遍认可的高绩效人力资源管理的"7 种最佳实践"（德利尔等，1996）。休斯里德（1995）以德兰尼、勒温和伊克尼沃斯基（1989）的十种成熟人力资源管理实务为研究基础，包括广泛的招募、甄选与训练程序、正式信息分享、态度评估、工作设计、申诉程序与劳资参与计划（Labor-Management Participation Programs）、绩效评估、升迁与激励性报偿、给予员工功绩报偿与有价值的组织产出相链接等有效的人力资源管理实务基础上加入甄选比例、员工每年接受训练时数与升迁标准三项，并将之统称为高绩效工作实务（High Performance Work Practices）。这些高绩效工作实务与低流动率、高生产力相关。

班伯格和麦休拉姆（2000）定义的人力资源管理系统，包括了资源导向和控制导向两种由理论模型构成的实践。比如，其中"资源获取"维度，集中了内部和外部人力资本实践；"控制"维度主要涉及结果导向的控制实践。从这两个维度划分出四种组合类型：内部人力资本—结果导向类型、内部人力资本—过程导向类型、外部人力资本—结果导向类型、外部人力资本—过程导向类型。因为，内部人力资本强调员工对组织投入的认同，结果导向控制强调员工的激励、评估，两者的结合组成了高承诺的人力资源管理实践（孙，2005）。班伯格和麦休拉姆（2000）对人力资源管理系统设立了三个子系统：员工个人系统，包括招聘、流动和培训、职业安全感；评估奖励系统，包括绩效评估、奖励和赔偿；员工关系系统，包括工作设计和员工参与。

通过对中国情境下以往人力资源实践组合的研究表明，高绩效人力资源系统适用于各种类型的企业（贝克尔等，2006；德利尔和多提，1996；达塔、格思里和莱特，2005）。因此，能够提高企业战略实施能力的人力资源系统应该由具有最佳实践意义的人力资源管理政策措施和支持企业特定业务流程的政策措施组成（贝克尔等，2006）。中国的文化和价值观在一定程度上削弱了美国式高参与工作系统在中国的应用及效果。高参与工作系统强调工作分权和员工参与，这是和西方的民主、参与文化相匹配的。中国员工在能人领导下的等级环境中工作效率反而更高（柯克曼，2001）。高绩效工作系统能否起作用，首先要考虑人力资本在企业价值创造中的潜在贡献度（张一驰，2004）。中国的大部分产业属于劳动密集型产业，而且相当部分是从发达国家转移出来的低端制造业，规模大的企业更倾向于采用员工参与管理（劳勒，1992）、更多的培训和利用更为发达的内部劳动力市场（萨里，1988）。一方面，西方的承诺型管理实践在中国企业中的应用越来越普遍；另一方面，企业仍然强调通过一些严格的控制型管理实践来向员工传递一定的工作压力，督促员工认真完成本职工作。所以，仅仅在中国情境下，能带来高绩效的人力资源管理系统并非等同于西方的高承诺、高参与工作系统，而是同时包含了承诺导向和控制导向的管理实践，这种承诺和控制相结合的人力资源管理系统才是处于经济社会转型期的中国企业所真正需要的。

本研究采用了孙、阿里耶和刘（2007）依据班伯格和麦休拉姆（2000）改进的量表来衡量企业的人力资源管理系统。班伯格和麦休拉姆（2000）对人力资源管理系统做了全面的文献回顾，认可将人力资源管理系统分成行政管理型和人力资本强化型（斯内尔和迪安，1992），也同意市场导向型和内部发展型两套对应的人力资源管理系统（德利尔和多提，1996）。本研究整合了战略人力资源系统的四种战略形式：承诺（commitment）、自由人（free agent）、家长作风（paternalistic）和代理人（secondary），并且提出了最佳的人力资源管理系统应该是员工拥有一定的自主权和参与决策的机会和能力。高绩效人力资源管理政策实践具有一定的非独立性（德利尔等，1996），是能与组织及其策略性目标实现高度"垂直契合"和"水平契合"的人力资源管理实践的整合，并且具备资源—控制的职能。而且最佳的人力资源管理系统应该给予员工参与决策的机会和自主权（班伯格和麦休拉姆，2000）。孙、塞穆尔和肯尼思（2007）开发的量表包括八大构面，分别是甄选员工（selective staffing）、密集培训（extensive training）、内部晋升（internal mobility）、雇佣安全（employment security）、清晰的工作描述（clear job description）、以结果为导向的评估（results - oriented appraisal）、激励性奖励（incentive reward）和员工参与（participation）。目前已经得到超过60次的引用和验证。根据AMO理论，为了更为清晰地了解高绩效人力资源管理系统中各种实践是如何分别影响安全知识、安全动机和安全参与中介变量，本研究采用对各项维度进行再次捆绑的聚类分析（J. B. 亚瑟，1994；刘，2007），把甄选员工、密集培训捆绑为能力提升高阶变数，将内部晋升、雇佣安全、以结果为导向的评估、激励性奖励捆绑为动机激励高阶变量和将员工参与定义为机会提供变量。

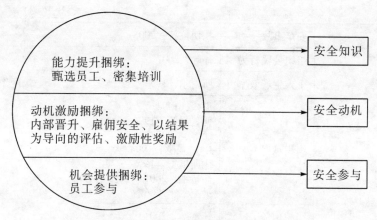

图 2-1   高绩效人力资源管理系统的捆绑聚类分析

2.2.2   影响关系

近年来，高绩效人力资源系统对企业绩效产生影响的机理被许多学者进行实证研究，成为人力资源管理领域研究的热点问题。因为本研究针对员工对高绩效工作系统的感知产生的个体态度行为的影响，所以就高绩效人力资源系统对个体层面的绩效影响的研究进行了回顾。

表 2-2   高绩效人力资源系统的影响变量

	后置变数	
高绩效人力资源系统影响因素	安全信任	巴灵，2006
	安全氛围	惠勒，2002
	安全知识	江等，2010
	安全动机	阿佩尔鲍姆，2000
	安全依从	博埃尔，2005 博克索尔，2003 珀塞尔，2003 莱格，2005 保罗，2004

表2-2（续）

	安全事故	扎切拉特，2005
	组织公民行为	孙等，2007
	个人生产效率	斯内尔，1999
	组织承诺	卢梭，1994 德兰尼等，1996 徐等，1997 J. B. 亚瑟，1994 休斯里德，1995 怀特纳，2001 贝克尔，2006
	组织信任	怀特纳，2001
	工作表现	J. B. 亚瑟，1994
	离职率	贝利，2000
	工作满意度	J. B. 亚瑟，1992 贝克尔等，1998 波特、皮尔斯、黎波里和路易斯，1998
高绩效人力 资源系统影 响因素	员工—组织承担	肖尔和巴克斯代尔，1998
	人力资本—社 会交换	里基，2007
	员工参与	马克杜菲，1995 奥斯特曼，1994 巴特，2002 江等，2010
	员工能力	李派克，2006 巴特，2002 贝克尔，2006 江等，2010 厄普顿，1995 迪安和李派克，1996
	员工机会	李派克，2006 巴特，2002
	员工态度	费理斯，1998 斯卡伯勒，2000 桑斯巴列等，1999
	知识创造	库姆斯，2006 斯卡伯勒，2003 柯林斯，2006

表2-2(续)

高绩效人力资源系统影响因素	员工动机	库姆斯，2006 巴特，2002 贝克尔，2006 江等，2010
	创新	伊克尼沃斯基，1997
	顾客满意	巴特，2002
	技术水准	厄普顿，1995
	员工感知	博埃尔、迪茨和布恩，2005 帕克、费和比约克曼等，2003
	员工体验	博埃尔、迪茨和布恩，2005

组织承诺（卢梭，1994；德兰尼等，1996；徐等，1997；J. B. 亚瑟，1994；休斯里德，1995；怀特纳，2001；贝克尔，2006）、工作满意度（J. B. 亚瑟，1992；贝克尔等，1998；波特、皮尔斯、黎波里和路易斯，1998）、员工参与以及员工能力、机会和动机（马克杜菲，1995；巴，2000；奥斯特曼，1994；巴特，2002；李派克，2006；贝克尔，2006；江等，2010；厄普顿，1995；迪安和李派克，1996）作为高绩效人力资源系统的结果变量的研究较多。组织承诺属于员工的心理契约及行为，休斯里德（1995）用美国一个全国性的企业样本（968家）检验了高绩效人力资源系统对资产回报率和TobinQ为指标的企业绩效之间的关系，结果表明高绩效人力资源系统对于企业财务绩效具有显著的积极影响。J. B. 亚瑟（1994）选用单位产出的工时、次品率和员工离职率作为衡量企业经营绩效的指标，运用1988年至1989年美国小型钢铁企业的调查数据研究了不同类型人力资源管理模式对企业绩效的影响。员工生产力、创造力等使人力资源管理活动常与绩效及员工工作能力相联系。斯内尔、迪安和李派克（1996）认为企业强化人力资源管理系统，有助于改善员工生产

力、产品质量与产销效能，其主要原因为人力资源管理系统的设计及运作为员工提供了合理的工作环境，允许员工有更多的工作自由选择考虑（more employee discretion），以便对员工要求较高的技术水准（厄普顿，1995）。还有许多研究都是只从个别的人力资源管理实务的影响考虑，如结果导向的绩效评估可提升个人生产效率（斯内尔、迪安和李派克，1996）；组织采用内部升迁方式能激发员工的组织承诺（德兰尼和休斯里德，1996）；内部升迁可抑止与外部空降人员间的冲突，维持组织整体和谐，并可增进员工工作态度和行为（桑斯巴列等，1999）；诱因型薪资能提升员工的工作表现（J. B. 亚瑟，1994），能提升个人工作表现，如生产效率提高、离职率下降（贝利和伯格，2000）。支持人力资源高绩效工作实务的学者研究认为，企业若实施人力资源高绩效工作实务，可提升员工技能与工作动机，降低离职率，提高工作满意度及对组织的承诺（J. B. 亚瑟，1992；休斯里德，1995；贝克尔和休斯里德，1998）。惠勒等（2002）通过研究得出人力资源系统与员工的离职意向负相关。即有效的人力资源系统会降低员工的离职意向，而无效或低水平的人力资源系统则会增加员工的离职意向。阿里耶等（2007）指出中国的本土企业对战略性人力资源管理较为忽略。因此两位学者制作了一套适合中国本地管理模式的有效的人力资源系统问卷，并通过对问卷的数据的收集、研究得出有效的人力资源系统是一个包括了承诺和控制人力资源实践（control HR practice）的混合系统（hybrid system），与美国式的高承诺和高投入的工作实践（American-style high-commitment and high-involvement work practices）相比，它能对企业绩效产生更为显著的正向影响。巴灵和艾弗森（2005）通过对138家企业人力资源和安全主管的数据收集、分析研究得出对管理层的信任和安全氛围的感知在高绩效工作系统和通过安全知识、安全动机、安全依从和安全事故来衡量的安全绩效的关系中发挥着中介作用。

虽然出现了这些中介变量的验证，但是都只从某一方面或几方面验证如何产生企业绩效影响，缺乏理论基础和全面系统的证明。研究员工离职率在人力资源管理影响企业绩效过程中的中介作用（休斯里德，1995；巴特，2002）具有很强的实践意义，将经理人员的社会网络资源作为人力资源管理对企业绩效的影响中介（柯林斯等，2003），或者将员工的感知作为中介（帕克和比约克曼等，2003），还有对员工队伍的素质能力等因素的中介作用的研究（李书玲等，2006），都只是局部地揭示了人力资源管理影响企业经营结果的机理，并不能反映人力资源管理促进企业结果的全貌。人力资源管理为什么能够帮助企业形成和提高组织能力，并且形成企业组织建立和发展竞争优势的独特资源，没有得到解释和验证，缺乏理论意义。因此，人力资源管理在研究如何对企业的最终目标产生积极作用的过程中，需要探索能够全面地反映人力资源管理的作用机制，并且同时具有理论和实践含义的中介变量。

2.3　安全知识、安全动机、安全参与

2.3.1　安全知识的概念和影响因素

2.3.1.1　概念构成

柏拉图（1953）将知识定义为已验证过的真实信念，但其架构与层级上仍不够清楚。哈迪库斯曼和史蒂夫（2004）指出安全知识也可按波兰尼（1967）对知识的分类，分为外显的安全知识

和内隐的安全知识。外显的安全知识通常表现为事故记录（accident records）、安全守则（safety regulations）或安全指引（safety guidelines）等。事故记录是工作场所真实事故的展示。这一记录，有利于对安全风险进行归类评估，特别是在"频率—结果"层面的风险评估（见表2-3）。冯克罗等（2000）指出内隐的知识与意识、能力、个人认知等紧密相关。安全风险的认知被视为内隐的安全知识中非常重要的一部分，主要是因为它依赖于员工自身的经历。拉姆齐（1998）指出安全风险的认知是安全事故发生的重要因素。如果管理层无法意识到工作场所可能发生的风险，管理层就无法给员工提供有利于掌控不确定环境所需的相关的培训或程序。

表 2-3   安全风险归类

		频率		
		Often	Moderate	Seldom
结果	Major	I	I	II
	Moderate	I	II	III
	Minor	II	III	IV

塔希拉和布鲁贝克（2001）将安全知识定义为有助于安全认为完成的已经被证实的与安全相关的信念。同样，作为知识一方面的安全知识，也是一种被证实的信念，这一信念与安全工作、安全生产相关，它的运用将有助于安全任务的完成。安全知识的形成，如完成安全任务时的求助对象信息、内在的安全培训需求信息以及如何完成安全任务的讯息都是员工通过经验、推论和社会三个来源获得。根据定义，本研究采用塔希拉和布鲁贝克（2001）开发的量表衡量员工安全知识的程度。

2.3.1.2 影响因素

安全知识作为中介变量影响安全绩效和安全行为，其形成因素也有相关研究验证，本研究将安全知识前置影响因素和后置结果做了归纳（见表 2-4）。

表 2-4　　　　　　安全知识的相关影响因素汇总

	前置因素		后置结果	
安全知识的影响因素	安全培训	哈迪库斯曼，2004	安全绩效	江等，2010 哈迪库斯曼，2004 塔希拉，2001
	安全氛围	塔希拉，2001	安全行为	伯克，2009 普罗布斯特，2010 拉姆齐，1998 坎贝尔、奥普勒和塞杰，1993 安德里森，1978 克拉克，2006 普罗布斯特和布鲁贝克，2001 奥利弗、切恩、托马斯和考克斯，2002
	人力资源管理	拉姆齐，1998	安全工作环境	菲利普斯，1998
			安全依从	莲娜等，2001 佐哈尔，2000 佐哈尔等，2004 格里芬和尼尔，2000 尼尔、格里芬和哈特，2000 尼尔和格里芬，2006 普罗布斯特和布鲁贝克，2001
			事故易发	格林伍德和伍兹，1919 汉森，1989 肖和西奇尔，1971 萨瑟兰和库珀，1991
			安全动机	林嘉德，2002

克里斯汀、华莱士、布拉德利和伯克（2009）通过对现有安全文献的整理分析得出，安全知识和安全动机与安全绩效行为高

度相关，另外心理安全氛围（psychological climate）和团队安全氛围（group safety climate）与安全绩效行为的相关性次之。坎贝尔（1993）的研究表明，应该从知识、技能和动机这三方面因素来解释人的行为选择和差异性；尼尔（2000）在研究组织氛围、安全氛围对个体行为的影响时，使用知识和动机这两个内在变量来描述员工的安全行为选择问题；维诺德·库马尔（2010）在研究安全管理实践与安全行为的关系时，也使用安全知识和安全动机来描述人的不安全行为选择的内在因素。普罗布斯特和伊库尔（2010）指出大部分针对不安全事项的研究都是在东欧和北美进行的，很少有研究在非洲进行。因此两位学者对尼日利亚的煤矿工人进行问卷调查，得出工作不安全与同员工对同事、工作和主管的不满意、强烈的离职意向、较差的安全态度（安全知识和安全动机）、较低的安全依从行为和日益激增的安全事故相关。有观点指出，员工感知的知识/行为（perceived colleagues knowledge/behavior）和动机以及参与对企业绩效产生的作用并不是一样的。知识需要通过员工动机实现安全绩效，而员工参与也能增强员工的动机。也就是说，在高绩效人力资源管理作为整体变量的情况下，它所影响的员工知识技能和给予员工参与的机会是通过提高员工的动机来实现企业绩效的。维诺德·库马尔（2010）研究了印度南部卡拉拉邦的 8 家高危险事故企业的 1566 名员工，发现安全管理实践直接或间接影响安全绩效，同时安全依从、安全参与、安全知识和安全动机在这些关系中发挥中介作用。另外研究者指出安全培训被视为最重要的安全管理实践，它能预测安全知识、安全动机、安全依从和安全参与。

2.3.2 安全动机的概念和影响因素

2.3.2.1 概念构成

安全动机是指员工以安全的方式执行工作的意愿，表现出安全行为的动力（格里芬和尼尔，2000；霍夫曼、雅各布斯和朗迪，1995）。霍夫曼（1995）定义安全动机为一个员工用安全的方式完成工作的动机。然而，动机有时候被定义为内在固有的，有时被定义为外在的。霍夫曼预测员工在某种程度上会有较少的服从安全政策的动机，因为他们不能从安全行为中获得所要的奖励。因此，我们也可以理解安全动机为一个员工自觉的遵守他们组织安全规则的程度。也就是说，霍夫曼所研究的安全动机主要是来自于个人天生固有的安全动机。安全动机通常运用期望值方法，根据弗罗姆的期望值理论，个人会努力于有期望奖励的任务。因此，如果个人因坚持安全政策而获得奖励，那么个人动机驱使力可能会高于其他行为。如果奖励政策使得个人因不遵守而获得奖励，那么个人动机驱使力将会下降。格里芬和尼尔（2000）在验证安全动机对安全氛围与安全行为的中介作用时，将安全动机定义为个体努力做出安全行为，并将安全行为与其应获得的价值关联的意愿。从这一定义可以看出，安全动机是动机的一种，能够引致个体意愿与行为，而这种意愿与行为并非独立存在的，它会受到动机理论中的期望理论的影响，即个体会主动将安全行为的结果与践行安全行为所获得的期望价值相关联，从而成为个体的内在驱使动力。根据罗宾斯（1994）对动机的定义，可以看出动机是有强度、方向和持久性的。安全动机作为动机的一种，亦具有很强的方向性，即安全动机是围绕安全生产、安全工作而来，它的目的在于促使员工更好地做出安全行为，以确保组织及组织中的其他员工的安全。安全动机所测量的内容与概念界定的范围不一致。期望—效价理论关注的动机是受到奖赏和惩罚措施影响的外部动机，而实证研究中所使用的安全动机量表关注的却是"我认为任何时候保持安全是重要的""我相信工作场所的安全是一个非常重要的问题"等测量内部动机的问题（尼尔和格里芬，2006）。因此测量工具与理论界定上的不一致，导致了结果解释时的混乱，对理论的验证和扩展也是一种损害。

因此，在格里芬和尼尔（2000）定义的基础上，本研究将安全动机定义为引发个体做出安全行为，并将安全行为与价值实现相关联，以确保组织及组织中的其他员工处于安全的环境中的内在力量。在衡量安全动机方面，研究采用尼尔和格里芬（2006）开发的量表加以衡量。

2.3.2.2　影响因素

在本研究中关注安全动机对安全行为有直接影响的因素（克里斯汀等，2009；尼尔和格里芬，2004）。安全动机是指员工以安全的方式执行工作的意愿，表现出安全行为的动力（格里芬和尼尔，2000；霍夫曼、雅各布斯和朗迪，1995）。根据期望—效价理论（普罗布斯特和布鲁贝克，2001），如果行为导致结果的可能性越强，而且该结果对个体的价值越大，那么做出这一行为的动机就越强。

表 2-5   安全动机相关影响因素汇总

	前置变数		后置变数	
安全动机的影响因素	薪酬激励	伦斯特,1994	安全依从	莲娜等,2001 佐哈尔,2000 佐哈尔等,2004 格里芬和尼尔,2000 普罗布斯特和布鲁贝克,2001 霍夫曼和摩根森,1999 尼尔和格里芬,2006
	安全知识	林嘉德,2002	安全意识	林嘉德,2002
	安全培训	林嘉德,2002	团体安全行为	
	安全氛围	佐哈尔,2000,2003,2004 坎贝尔、麦克乐、奥普勒和塞杰,1993 格里芬和尼尔,2000	个人安全行为	佐哈尔,2000,2003,2008 尼尔等,2000,2006 格里芬和尼尔,2000 坎贝尔、麦克乐、奥普勒和塞杰,1993 安德里森,1978 克拉克,2006 普罗布斯特和布鲁贝克,2001 奥利弗、切恩、托马斯和考克斯,2002 维诺德·库马尔,2010
	安全管理实践	维诺德·库马尔,2010		
	群体凝聚力和合作	西马德,1995		
	个人感知安全氛围	佐哈尔等,2000,2004	安全绩效	尼尔等,2006 伦斯特,1994 林嘉德,2002 克里斯汀等,2009 尼尔和格里芬,2004
	对管理层的信任	巴灵等,2005	安全参与	格里芬和尼尔,2000 霍夫曼和摩根森,1999
	领导力	哈泰尔,2011		
	组织文化	哈泰尔,2011		
	安全参与	江等,2010		

　　行为—结果的期望是安全氛围影响安全行为的内在机制（佐哈尔，2003）。员工根据企业的安全氛围判断安全在组织中受重视的程度，据此可以形成行为—结果的期望（behavior outcome expectancies），即预期做出安全行为会获得什么样的结果、是否会获得奖赏等，这种期望会影响安全行为的频率（佐哈尔，2000，2003，2008；尼尔等，2000，2006；格里芬和尼尔，2000；坎贝尔、麦克乐、奥普勒和塞杰，1993；安德里森，1978；克拉克，2006；普罗布斯特和布鲁贝克，2001；奥利弗、切恩、托马斯和考克斯，2002；维诺德·库马尔，2010）。当员工认为遵守安全程序会产生有价值的结果时，就会愿意做出安全遵守行为（尼尔和格里芬，2006；莲娜等，2001；佐哈尔，2000；佐哈尔等，2004；格里芬和尼尔，2000；普罗布斯特和布鲁贝克，2001；霍夫曼和摩根森，1999）。在积极的安全氛围中，遵守安全规章更有可能获得奖赏回报，因此员工的安全动机就比较强（霍夫曼等，1995）。对医院职工和制造业员工的调查发现安全动机能够正向预测安全遵守和安全参与行为，而且能够中介安全氛围和安全行为之间的关系（格里芬和尼尔，2000；尼尔等，2000）。对化工企业的研究也显示安全动机能够影响员工的安全遵守和安全参与行为，且中介安全管理实践（safety management practices）和安全行为的关系（维诺德·库马尔，2010）。罗格斯坦（1994）得出企业所承担的成本越低，管理层的安全动机越低。因此为了提高安全管理动机的有效性，建议提高企业工伤、事故成本，以降低企业成本开支。林嘉德（2002）通过对建筑业工人进行 24 周的实验发现，急救培训（first aid training）无法加强员工对工作相关的职场健康与安全风险本质或严重性的理解，但却有利于降低参与者自我认识偏差（self-other bias），使他们更好地意识到职场健康与安全风险的经验有助于避免职场伤害或疾病。这类培训有助于降低参与者接受风险无处不在的观念，虽无法改变员工对职场健康与安全风险控制方式的理解，但会增加其对风险的顾虑，有利于增强参加者对避免职场受伤或疾病的动机。技能水平可以影响安全动机从而对员工安全行为产生影响（西尔帕、莲娜和海基，2005）。佐哈尔和卢里亚（2004）认为，感知安全氛围和个人动机的关系影响着工作安全氛围和个人动机的关系。组织安全氛围使组织成员明白自己所要求的行为角色，从而因此塑造与安全或者不安全行为相联系的期望值，安全氛围对个体的安全动机具有显著的预测作用（佐哈尔，2000；尼尔和格里芬，2006；霍夫曼等，1995）。在积极的安全氛围中，遵守安全规章更有可能获得奖赏回报，因此员工的安全动机就比较强（霍夫曼等，1995）。对医院职工和制造业员工的调查发现安全动机能够正向预测安全遵守和安全参与行为，而且能够中介安全氛围和安全行为之间的关系（格里芬和尼尔，2000；尼尔等，2000）。对化工企业的研究也显示安全动机能够影响员工的安全遵守和安全参与行为，且中介安全管理实践（safety management practices）和安全行为的关系（维诺德·库马尔，2010）。这些研究得出了安全动机对安全行为有积极影响的结果。组织层面的管理层的信任、领导力和组织文化对个人安全动机的影响也很重要（哈泰尔，2011），管理层信任和安全氛围的感知在高绩效工作系统和通过安全知识、安全动机、安全依从和安全事故来衡量的安全绩效的关系中发挥着中介作用（巴灵和艾弗森，2005）。在安全领域，变革型领导的四个方面具体表现为：领导通过其自身的行为来传达安全的价值；领导的感召力使得下属相信他们可以将安全保持到一个以往认为不可能达到的较高水平；领导的智慧激发能够帮助下属考虑安全问题，建立新的方法以提升安全水平；领导的个性化关怀则表现为领导对下属在工作中的安全表现出真正的关心（巴灵等，2002）。因此，变革型领导风格能够提高员工对安全氛围的知觉（巴灵等，2002；克拉克，2006；佐哈尔，2002），影响员工的安全意识，促进员工的安全遵守行为（鲁和杨，2010）

和安全参与行为（克拉克，2006；康奇和唐纳德，2009）。变革型领导的积极作用也可以通过自我决定理论来解释：变革型领导对下属个性化的关怀，帮助下属考虑安全问题等，这些行为给下属提供了安全工作上的支持，并能增强员工对组织的认同感，有助于下属建立自主的工作动机，从而使下属形成积极的工作态度，表现出很高的工作绩效（贾奇等，2003）。以自我决定理论为框架的研究也发现了自主支持性领导对下属工作态度的促进作用（德西等，1989）。自主支持性的领导与下属的自主动机呈显著的正相关，下属的工作绩效也能得到提高（林奇等，2005）。

以往对安全动机的研究在概念框架（conceptual framework）上大多基于期望—效价理论（Expectancy-value theory）（普罗布斯特和布鲁贝克，2001），该理论从理性人的假设出发，强调认知计算的过程和个体利益的最大化，只关注奖惩措施对工作行为的影响，即外部动机的影响（加涅和德西，2005）；但实际研究中测量工具的内容却属于内部动机的类型（尼尔和格里芬，2006），理论框架和测量工具的不一致使得对结果的解释产生困难。迄今为止尚未有安全研究将外部动机和内部动机放入同一个框架中，因此无法判断不同类型动机对安全绩效的影响。而自我决定理论较为全面地概括了内部动机和外部动机的各种类型，揭示了外在干预影响个体动机的有效路径（德西和赖安，1985）。

2.3.3　安全参与的概念和影响因素

2.3.3.1　概念构成

现代安全管理强调直线管理和员工的参与。一线员工最接近工作现场，熟悉现场各种危险状况，他们拥有潜在的知识和经验知道如何去控制和规避风险。如何发挥一线员工在安全管理中的作用，是企业安全管理能否取得成功的关键。国际劳工组织（2001）认为员工参与是职业健康安全管理体系的一个基本要素。员工参与也被认为是积极安全文化的基本要素（库珀，1998；格里菲思，2004）。员工参与是一个笼统的概念，用来描述员工参与企业健康安全决策的各种途径。当各种途径建立并得到有效发展后，就超出了简单的提供信息或咨询协商的范围，能够使管理层在健康安全风险管理上与员工建立一种以合作和信任为基础的良好的伙伴关系，这种良好的关系的发展分为三个阶段：提供信息、双方协商和参与（2008）。

作为企业管理中的安全管理，涉及员工的参与，而这种参与因为与员工的安全行为相关，也被称为安全参与（safety participation）（格里芬和尼尔，2000）。工作绩效的理论为安全氛围和安全行为之间的关系提供了理论支撑。研究的基础上，安全行为可分为两种：安全承诺（safety compliance）和安全参与（safety participation）。安全承诺是指个体为了维护工作场所安全所做的一系列关键行为（core activities）。这些行为包括坚持标准的工作流程、穿戴个人防护器具。而安全参与则是那些并未直接作用于个体安全，但是却能促使支持安全氛围营造的行为。这些行为包括参与一些自愿的安全活动、帮助同事们完成与安全相关的事宜和出席安全会议等（巴灵和莫特维多，1993；格里芬和尼尔，2000）。从上述定义可以看出，安全参与首先是安全行为的展现，它的目的并不限于个体安全的确保，而更多地在于安全氛围的营造，安全氛围的营造有利于企业安全管理效能的提升。本研究采纳格里芬和尼尔（2000）对安全参与的定义，并采用克拉克和卡蒂（2006）开发的量表进行变量衡量。

2.3.3.2 影响因素

安全参与行为是员工参与与安全生产相关活动的行为，包括参与安全教育培训、安全会议、安全讨论、应急演练活动等。虽然安全参与行为与安全结果不直接相关，但是有助于提升企业安全氛围，提高员工安全意识，进而强化员工安全行为，提高安全绩效（尼尔和格里芬，2006；伦斯特，1994；林嘉德，2002；科恩，1983；伍德、巴灵和帕克，2000；哈迪库斯曼，2008）。

表 2-6　　　　　　　安全参与的相关影响因素汇总

	前置变数		后置变数	
安全参与的影响因素	自我中心氛围	帕伯替阿，2008	安全依从	莲娜等，2001 佐哈尔，2000 佐哈尔等，2004 西马德和马尔尚，1994
			安全氛围	尼尔和格里夫，2006
			安全意识	尼尔和格里夫，2006
			安全动机	哈迪库斯曼，2008
			安全实施难度	鲁和陈等，2010
	善意原则性氛围	帕伯替阿，2008	团体安全行为	尼尔等，2006 尼斯卡宁，1994 威廉姆森和凯恩斯等，1997 西马德和马尔尚，1994
	领导力培训	马伦，2009	个人安全行为	
	组织支持感知	霍夫曼和摩根森，1999		
	变革式领导风格	马伦，2009 尼·卡伦，1994	安全绩效	尼尔等，2006 伦斯特，1994 林嘉德，2002 科恩，1983 伍德、巴灵和帕克，2000 哈迪库斯曼，2008
	安全承诺	霍夫曼和摩根森，1999		

表2-6(续)

安全参与的影响因素	安全管理实践	维诺德·库马尔，2010	安全计划实施	哈洛韦尔，2006
	安全培训	青山，2011		
	紧急准备	青山，2011	安全事故	丘，1988 玛蒂拉、许蒂宁和兰塔宁，1994 帕特里，1995
	安全学习圈	苏亚雷斯，2012		
	安全氛围	克拉克，2006		

安全氛围与安全参与行为的相关性要高于与安全遵守行为的相关性（帕伯替阿，2008；马伦，2009；霍夫曼和摩根森，1999；马伦，2009；维诺德·库马尔，2010），并且安全参与行为与职业伤害和职业病有更高的相关性（克拉克，2006；丘，1988；玛蒂拉、许蒂宁和兰塔宁，1994；帕特里，1995）；员工参与安全相关活动如加入车间安全委员会、参与安全报告或消除工作过程中的安全隐患可以提高其安全动机（阿克隆和哈迪库斯曼，2008）。员工安全参与行为对安全实施难度呈负相关关系，即员工安全参与性越高，安全实施的难度越低（鲁，2010）。通过鼓励员工多参与安全活动能够达到更好的安全目标（阿克隆和哈迪库斯曼，2008）。特别是当作业环境中的危险因素较多，且处于不断变化中时，员工参与能够有效地预防安全生产事故和职业病（帕特里，1995）。林嘉德（2002）研究得出，员工通过急救训练可以增加逃避职业伤害和职业病的动机，并提高他们的风险控制意识。陈（2010）调查研究发现，较低的安全参与率是加拿大年轻工人伤率高的三大因素之一。通过对建筑行业的研究发现，安全参与与安全遵守行为均与职业伤害负相关，安全参与行为对职业伤害的影响与安全遵守行为产生的影响并没有显著差别。康奇和唐纳德（2008）认为管理层鼓励员工参与安全事务能与员工建立良好的合作关系并使双方相互信任，根

据社会交换理论，员工会努力完成管理层要求的目标以"回报"管理层的信任，同时也能促进员工角色外的安全行为，即安全公民行为。管理层安全承诺、员工安全参与及员工安全意识对员工主动参与安全事务的行为具有直接的推动作用，其中事故隐患报告也是员工主动性安全行为的体现。恩斯等（2001）的研究也表明员工上报事故隐患的意愿与其对管理层安全承诺的感知有关。

已有研究大多是以员工安全参与行为作为安全行为的一种，考核安全绩效的一种行为指标，还没有进一步、深层次地解释安全参与是怎样产生安全绩效的，会不会影响其他安全行为的研究，也没有从员工安全参与和员工的心里契约关系出发，分析员工安全绩效的实现。

2.4 安全公民行为

2.4.1 概念构成

霍夫曼、摩根森和吉拉（2003）将组织公民行为这一概念扩展到安全领域，提出了安全公民行为（safety citizenship behavior，SCB）这一概念。安全公民行为是一个高阶构念，包括多种行为的变量管理、表达意见、帮助同事、告密即报告不安全行为、适应工作场所的变化和公民美德。安全公民行为的概念来自于组织公民行为，因此，安全公民行为是在组织内部的自由行为，对组织有效运作起促进作用，而不是由正式的组织系统决定的（莎玛、凯瑟琳和罗娜，2009）。组织公民行为是由学者奥根（1988）首先提出的，他认为组织公民行为是一种员工随意的个体行为，与正式的奖励制度没有直接或外显的联系，但能从整体上有效提高组织效能。维尔博恩·约翰逊和埃雷兹（1998）提出，在组织中，每个人都具有两个重要的工作角色（work roles）：岗位角色（job-holder role）和组织成员角色（organizational-member role）。岗位角色规定了员工所必须履行的责任和义务；组织成员角色要求个体成为组织中的一个好成员。从定义看，后者属于一般意义上的公民角色。组织公民行为是一种有利于组织的角色外行为和姿态，既非正式角色所强调的，也不是劳动报酬合同所要求的，而是由一系列非正式的合作行为构成的。公民行为虽然不能直接带来个人的利益，却可以给群体或组织带来利益。安全公民行为着重于提高组织以及团队的安全绩效，安全公民行为包括积极参与安全事务、及时报告事故及隐患信息、帮助关心工友以及认真学习安全知识等行为。安全遵守是一种职责范围内的行为，而安全公民行为中涉及到很多职责外自愿的行为。认真研究安全公民行为特点发现其与美国杜邦公司（2006）提出的安全文化建设模型中最后一个阶段互助团队管理阶段所表现出的安全行为特征类似，都在强调安全行为的主动性和互助性。

本研究将安全公民行为定义为超越安全守则规定，并且对组织的安全管理有所帮助的安全行为，戴维和弗雷德里克（2003）将组织公民行为研究中的若干衡量题项进行了修正，得出了与安全相关的帮扶（helping）、意见（voice）、管家事宜（stewardship）、告知（whistleblowing）、公民美德（civic virtue）和发起与安全相关的变革（initiating safety-related change）六个构面。其中，前三个构面来自于范达因和他们的同事们在理论和实践上的探索研究，而以安全为导向的公民美德（safety-oriented civic virtue）发展自帕德萨夫等（1990）的研究，与安全相关的工作场所的变革（safety-related workplace change）则来自于莫里森和弗尔普斯（1999）的研究。

在戴维和弗雷德里克（2003）的研究中，六个构面衡量的变量的信度和效度都较高，因此本研究也沿用这一衡量题项来进行与安全公民行为相关的模型分析。题目共 27 条。这 27 个题目分别反映安全公民行为的六个构面，其中题目 1 至 6 反映的是帮扶（helping）、题目 7 至 10 反映的是意见（voice）、题目 11 至 15 反映的是管家事宜（stewardship）、题目 16 至 20 反映的是告知（whistleblowing）、题目 21 至 23 反映的是公民美德（civic virtue）、题目 24 至 27 反映的是发起与安全相关的变革（initiating safety-related change）。衡量方式则采用 Likert 五点量表，由"非常不同意"到"非常同意"，分别给予 1 到 5 分。

2.4.2 影响因素

安全公民行为是一个全新的概念，大多数研究公民行为的文献都以组织公民行为为研究对象，研究表明员工个人的工作满意度、组织承诺和管理公平等都是影响公民行为的积极因素（帕德萨夫等，2000）。公民行为的概念是在交换对等原则的基础上成立的，即员工—上司关系建立在信任、支持和公平的基础上，员工往往会以高质量的行为为组织创造价值回报组织（莎玛和凯瑟琳，2009）。以安全公民行为为研究对象的文献，承认有效的领导和下属工作关系和积极的安全氛围，特别强调安全的价值观，对下属的安全公民行为起积极的推动作用（霍夫曼、摩根森和吉拉，2003；西马德和马钱德，1994；尼尔和格里芬，1997；伯曼和肯尼，1976；布鲁纳和吉德吉利，1954；菲斯克，1981，1982；菲斯克，1986；克拉克，2006；帕德萨夫，2000）。

表 2-7　　　　　安全公民行为相关影响因素汇总

安全公民行为影响因素	安全氛围	佐哈尔，1980 格里夫，2000 恩斯，2000 霍夫曼、摩根森和吉拉，2003	组织效率	奥根，1988 帕德萨夫，1997
	安全文化	菲茨杰拉德，2005 格伦登，1994 佩德罗等，2003 赫勒，2000	组织内社会运转机制	奥根，1988
	安全态度	海因里希，1959 唐纳德等，1993 尼尔等，2000	组织绩效的稳定性	帕德萨夫，1997
	领导行为	佐哈尔，2000 巴灵，2002 帕德萨夫，2000 泰勒和利德，1992	组织适应环境变化的能力	帕德萨夫，1997
	工作满意度	帕德萨夫等，2000	工作透支	伯恩利，2005 马伦，2004 莎玛、凯瑟琳和罗娜，2009
	组织支持感	乔治，1992 恩斯，2008 杰奎琳，2003		
	组织承诺	帕德萨夫等，2000 麦克法兰和韦恩，1993 奥根和赖安，1995	工作压力	伯恩利，2005 莎玛、凯瑟琳和罗娜，2009 拉扎勒斯，1966
	管理公平	帕德萨夫等，2000	工作—家庭冲突	伯恩利，2005 格林豪斯和特尔，1985 罗娜，2009

表 2-7（续）

安全公民行为影响因素	组织心理安全	埃德蒙森，2002	安全行为	巴基，2001 佐哈尔，1980 斯科特，1994 尼尔等，2000 霍夫曼、摩根森和吉拉，2003
	内隐知识	伯曼和肯尼，1976 布鲁纳和吉德吉利，1954		
	自私动机	尼霍夫，2004		
	信任	罗纳德，1994 卢梭，1998	安全事故	克拉克，2006 莱德等，1997
	领导-下属交换关系	霍夫曼、摩根森和吉拉，2003 莱德等，1997	安全绩效	伯曼和肯尼，1976 布鲁纳和吉德吉利，1954 菲斯克，1981，1982 菲斯克，1986 克拉克，2006 帕德萨夫，2000
	安全依从	西马德和马钱德，1994 尼尔、格里芬和哈特，2000 尼尔和格里芬，2006 伯森和艾弗森，2005		

在以往的研究中，与安全公民行为相似的概念如安全主动性和安全参与，都被验证了对低发生率的安全事故起正向影响关系（西马德和马钱德，1994；尼尔和格里芬，1997）。公民行为表现多数情况被视为对个人和组织绩效起正面影响，员工在工作中产生的工作满意度、组织承诺、主管公平都会对员工组织公民行为产生显著的正向影响（帕德萨夫等，2000）。领导和下属之间有效的工作关系和安全氛围，特别是强调安全文化、安全价值观的组织环境，都会引起下属较高的安全公民行为表现（霍夫曼、摩根森和吉拉，2003）。在高风险的行业中，当员工意识到安全行为的重要性，就会主动选择执行安全行为（霍夫曼、摩根森和吉拉，2003）。分别与安全事故发生呈负相关（西马德和马钱德，1994；尼尔和格里芬，1997）。恩斯和瑞德（2008）通过问卷调查研究了海上石油企业及基层主管对员工的支持和员工的安全公

民行为（safety citizenship behaviour）之间的关系。研究表明，企业及基础主管对员工的福祉越是关心和照顾，越能增进企业管理人员同员工的关系，并能提高员工的安全公民行为。佐哈尔（2008）认为当安全氛围和工作主人翁氛围都较高时，将会产生安全公民行为。康奇和唐纳德（2008）认为管理层鼓励员工参与安全事务能与员工建立良好的合作关系并使双方相互信任，根据社会交换理论，员工会努力完成管理层要求的目标以"回报"管理层的信任，同时也能促进员工角色外的安全行为，即安全公民行为。

近几年，一些研究提出了相反观点：组织公民行为可能造成组织绩效的下降（尼霍夫等，2004）。一项通过196所高校的校友调查研究显示，某种公民行为比如个人主动性，会形成高的角色透支、工作压力和工作家庭的冲突，从而降低工作效率（伯恩利等，2005）。角色透支描述的是在压力超载的情况下，有太多的责任和各种活动需要在有限的时间和资源内完成（马伦，2004）。正如前面所讨论的，安全公民行为是属于工作职责额外的角色外行为，如果在有限的时间和资源的情况下，员工在履行安全公民行为可能会感受到压力，比如从事监管新员工确保他们安全工作的行为、采取行动阻止违反安全守则的行为等。压力通常被定义为"当超过个人可以掌握的资源"时形成的一种个人感知（拉扎勒斯，1966）。所以当员工履行安全公民行为时有可能感受到超出自己可掌控范围带来的压力。工作家庭的冲突是一种工作角色的要求干扰到家庭角色的要求时产生的冲突（格林豪斯和特尔，1985）。当员工必须承担更多的工作角色时，必然会减少家庭责任的承担。在大多数石油和天然气公司，员工都遵循导班模式，即工作两周休息两周的模式，使员工可以平衡工作和家庭的生活的关系（莎玛、凯瑟琳和罗娜，2009）。因此，比起组织层面，个人层面的公民行为更具研究意义。正如前面所述，安全公民行为是超出正式规定的职责，也就是角色外地行为表现，比如监督新团队的工作安全，采取行动以防违反安全规定的行为发生。这些会使员工感觉到时间紧迫和工作压力，所以马伦（2004）提出安全公民行为与工作压力呈正向影响。

在已有的文献综述中，基本遵循着积极的假设"道德好的员工"产生好的动机从而表现出组织公民行为，比如这些"道德好的员工"不会有自私的想法，也就是说自私动机不会产生安全公民行为（伯曼和肯尼，1976；布鲁纳和吉德吉利，1954）。但是，尼霍夫（2004）指出自私的动机也可以产生组织公民行为，比如想在别人面前看起来很好、为了别人看起来不如自己而主动承担额外的工作、自愿弥补别人的工作的过失等。因此，对于安全公民行为的产生动机，有着完全不同的两种观点，安全动机能否影响安全公民行为，目前没有研究能证明。

2.5　安全价值观

2.5.1　概念构成

安全价值观是安全文化的核心要素，包括以对人的生命价值的承认和尊重作为底线、以可持续发展作为基本理念、以和谐作为目标追求。安全准则及行为是企业安全文化的表层结构，表现为企业组织运行过程中以安全准则为依据、以先进技术和科学管理为手段、改善员工的安全保障和职业安全健康状况、向社会提供安全的产品和服务等。企业安全文化是企业组织的安全价值观、所遵守的安全准则及行为的总和。彼得斯和沃特曼（1982）将组织文化界定为组织成员共同遵守的价值观念，即所有人都能够甘心情愿接受的一种做事规范。

霍夫斯泰德（1990）认为组织文化是价值观和实践的复合体，两者共同构成组织文化，其中价值观是组织文化的核心。霍夫斯泰德在丹麦和荷兰选取了 10 个不同的组织，以 20 个单元为研究对象，来分析组织文化的结构。研究结果表明，价值观部分包括三个独立的维度，即对安全的需要、以工作为中心、对权威的需要。丹尼森（1995）认为组织文化就是一套价值观、信念及行为模式，它们共同构成组织的核心，构建了文化特质模型，包括四个与经营业绩有着必然联系的文化特性：一是参与性（involve-ment），培养员工的能力、主人翁精神和责任心，通过授权员工、团队导向、能力发展三个指标衡量；二是一致性（consistency），确定价值观和构建强势文化体系，通过确立核心价值观，同意、协调与整合三个指标衡量；三是适应性（adaptability），把商业环境的需求转化为企业的行动，通过推动改革、关注客户、组织学习三个指标衡量；四是使命感（mision），为企业确定有积极意义的长期发展方向，通过愿景、目标、战略方向或目的三个指标衡量。四个文化维度不是独立的，而是共同对经营业绩起作用。赖利（1991）把组织价值观划分为 8 个维度：创新与冒险承受、关注细节、结果导向、进取性与竞争性、支持性、强调成长与报酬、合作与团队导向、决策果断性。特皮克和巴雷（2002）在这基础上，以酒店业员工为研究对象，开发了酒店业组织文化剖面图，得出 8 个组织价值观维度，即团队导向、合理报酬、关注细节、忠于顾客、员工发展、结果导向、诚信伦理和创新。本研究根据特皮克和巴雷（2002）的量表进行了修正，从安全方面出发，以 5 个题项测量安全价值观的概念。

2.5.2 影响因素

不同的组织特征形成不同的人力资源管理实践（王，2001），可从三个方面划分组织特征：一是公司的规模特征；二是公司架构组织文化；三是高层价值观、态度和行为。奥根（1989）在建构组织公民行为理论时指出，组织文化与组织公民行为具有密切的关系，当组织成员接受公司的组织文化，员工个人价值同组织价值观相似时，个人角色外的行为较好，表现超过组织设置的标准。查特曼等（1989）的研究同样发现，员工与组织高层管理者共享价值观的时候，就会对组织产生较高的承诺，对工作产生较高的满足和较少的离职现象。赖利（1991）以公司的中层经理为研究对象，实证分析的结果表明个人价值观和组织高层管理者价值观匹配程度越高，他们的组织承诺也越高。克里斯托夫（1996）总结了以往的实证研究后发现，个人价值观和组织高层管理者价值观对员工满意度、组织承诺、工作中的角色外行为、工作表现、压力和离职倾向等都有显著的相关关系。高层管理者对待安全的态度直接反映高层管理者的安全价值观。斯摩曼和约翰（1998）通过一个英国安全委员会主导的研究，在这项研究中，来自大型英国企业的 102 名高层管理人员参加了一个广泛的问卷调查，问卷中的问题包括他们对职业健康和安全的态度以及职业健康和安全与企业声誉的关系。同时对八位企业领导者进行了进一步的深度访谈，访谈揭示了管理者对健康和安全的态度，以及公司在高层管理者层面所开展的实践。总体来说，这次调查揭示了管理者已经把职业健康和安全作为绩效的一个重要决定因素。这次研究没有考查企业在做出安全和生产决定时，是否实现了从态度到实践的转化，但是，当企业把安全同企业的竞争力和利润视为一体时，这个转化是很可能发生的。赫勒（2000）对挪威一个工业组织的210名管理者开展了调查，了解他们对待安全和事故防护的态度，目的是通过使用问卷来分析安全态度、行为动机和管理者安全行为之间的关系。研究显示，高层管理者的安全态度对管理者的行为动机和行为具有重要影响。对管理者来说，高管理承诺、高安全优先级和高风险意识是特别重要的态度，这些因素对行为动机和安全行为都有强烈的指导性。

　　尽管学者对其进行了一定的探索，但组织高层价值观的研究仍然有其值得改进的地方。以往的组织价值观理论关注的是个人所期望的价值观与组织高层现实价值观的匹配（查特曼，1989；施耐德，1987），研究的前提建立在员工自己心目中都有一个理想的价值观体系上。这对于普通员工，特别是文化水平不高的员工来说未必符合，因为他们对于组织的认识是受局限的，并不知道组织的发展需要什么样的理念，比如是结果导向还是过程导向，是应该宽松控制还是严格控制，他们进入组织后，可能只是直观地感受到组织所推行的价值观是不是合理、对自己是不是有利。因此，与其说是他们在比较自己理想的价值观与组织现实的价值观，不如说是单纯地对现实价值观的一种评判，这种预测的基础不是以比较而是以感受为基础的。当然，在选拔高素质员工的过程中，进行这样的匹配是有价值的，对于最普通的员工来说，这样的测量可能意义不大。所以，可以接受价值匹配的理念，但是不应该把价值匹配作为研究员工行为的唯一途径，有时候单纯测量员工对组织价值观的感受可能会更有效。另外，以往的对组织价值观与员工行为绩效的研究，大都是在两者之间建立起直接的因果关系，而对于这些价值观影响员工行为的内在作用机理分析不透彻。

2.6 安全氛围

2.6.1 概念构成

佐哈尔（1980）首次在研究中使用安全氛围的概念，并把安全氛围定义为组织内员工对具有风险的工作环境的共同感受。佐哈尔（2008）重新对安全氛围的概念进行了修正，他认为安全氛围是对组织内员工对组织安全政策、安全程序、安全实践的共同感知。从佐哈尔（1980）提出安全氛围构成的八维度以来，到目前为止仍未得到统一的构成模型，八个维度包括安全培训的重要性、管理层对安全的态度、安全行为对晋升的影响、作业场所的危险水平、所要求的生产节奏对安全的影响、安全员的地位、安全行为对社会地位的影响、安全委员会的社会地位。国外对于安全氛围维度构成的观点差异很大，也存在诸多解释，比如调查工具的差异、样本差异、方法差异等。布朗德和霍姆斯（1986）将差异归因于两个国家文化的不同，安全氛围是安全文化在某一时刻的反映，组织所处的文化背景不同，安全氛围自然存在明显差异。贝兰德等（1991）指出原因是调研样本来自不同的行业，不同行业的组织特征不同、管理风格不同、规章制度不同，导致员工不同的安全态度，因此对于某个组织有效的安全氛围的因子结构对于另外一个组织就不一定有效。哈里森和麦克唐纳（2000）的研究反映了不同组织之间的安全氛围存在显著差异，在相同组织中所进行的研究也表明不同部门、不同时间进行的测评得出的结果也不一致。弗林等（2000）认为安全氛围是与安全文化有区别也有关联的概念，可以看作安全文化当前的、表面的特性，与员工的态度和感受有关。考克斯和切恩（2000）认为安全氛围是安全文化暂时的表现，通过特定时间内的组织内共享的认知表现出来。从企业层面看，它指一个组织在安全和健康方面共有的价值观。而企业的安全氛围指的是所有员工对企业的安全问题看法的总和。安全氛围是一个比安全文化更为具体、更为微观、可被测量的概念，可以看作安全文化当前的、表面的特性，与员工的态度和感受有关。目前，许多研究者使用结构化问卷，也就是心理测量的方法来对安全氛围进行测量。格伦登和利瑟兰（2001）提出了安全氛围的基本研究方法：使用安全氛围量表测量员工对安全管理态度的感知，查明需要改进的安全区域，明确一个组织的安全行为趋势及针对不同组织制定安全水平的基准。希欧等（2004）认为安全氛围测量有以下优点：一是安全氛围测量可以克服传统安全测量（如事故报告）的限制；二是安全氛围调查可使企业重视在安全方面的努力；三是安全氛围调查可以识别企业安全绩效的趋势；四是相对于其他事故预防措施（如安全审核），安全氛围调查花费较少的时间与成本，但安全氛围调查不能取代安全审核和其他安全措施；五是最重要的一点，安全氛围和安全实践、事故和不安全行为等有着密切的联系，这也使得安全氛围成为安全绩效的一个领先指标（leading indicator）。库珀和菲利普斯（2004）对过去25年有关安全氛围的研究进行了总结，认为安全氛围包括四个研究方向：第一，设计心理测量工具并且确定它的基本因子结构；第二，建立并验证安全氛围决定安全行为或事故的理论模型；第三，检验安全氛围和实际安全绩效之间的关系；第四，探讨安全氛围和组织氛围之间的关系。2005年，佐哈尔和卢里亚（2005）对安全氛围模型进行了拓展，提出了组织和部门两个层次的安全氛围。佐哈尔（2008）在多层次安全氛围的基础上提出了一个新的概念，即工作主人翁氛围（work-ownership climate），并总结出多层次多因素安全氛围的框架结构（multi-level multi-climate framework）。

关于安全氛围的层次，盖德蒙德（2007）认为安全文化/氛围研究包含3个层次：组织、群组和个人。而弗林（2007）的观点和佐哈尔及卢里亚（2005）的观点一致，认为安全氛围包括两个层次，即组织和部门。考虑到量表的信度和效度及本研究对安全氛围的界定，因此研究采用了佐哈尔和卢里亚（2005）的多层次的衡量量表（Multilevel Safety Climate，MSC）来探讨组织与员工安全氛围的程度，由3个要素构成概念：积极性的实践（Active Practices），包括监控、坚守安全规章；前瞻性的实践（Proactive Practice），包括推广学习及发展；申报性的实践（Declarative Practice），包括向员工声明及报告有关安全的数据与讯息。共计16个题项，衡量方式采用Likert五点量表，由"非常不同意"到"非常同意"，分别给予1到5分。

2.6.2 影响因素

研究氛围影响因素的文献表明，以下因素可能很大程度上影响企业安全氛围：一是工作性质，包括工作经验、职务、工种等；二是个人因素，指的是一系列被试人员的个人情况，包括年龄、性别、婚姻状况、教育水平、工作时间、是否曾有过事故经历受到职业伤害、是否为工会会员等；三是组织因素，指不同组织间的安全氛围存在差异，即使同一组织内也可能存在不同的安全氛围。

表 2-8　　　　　　安全氛围的相关影响因素汇总

	前置变数		后置变数	
安全氛围的影响因素	高绩效工作系统	巴灵等，2005 克里斯汀等，2009	安全依从	莲娜等，2001 佐哈尔，2000 佐哈尔等，2004 博斯等，2009 尼尔，2000
	上下管理关系	格伦登和利瑟兰，2001	行为期望	佐哈尔，1980
	安全规程	格伦登和利瑟兰，2001		
	领导力培训	马伦等，2009	安全动机	坎贝尔，1993 尼尔等，2000，2006
	安全领导力	崇智，2000	安全参与	帕伯替阿等，2008 马伦等，2009 尼尔，2000 安帕鲁和奥利弗，2002 格伦登，2001 博斯等，2009 切恩，1998
	风险感知	朗德默，2000		
	工作环境安全水平	维罗朗，2000		
	高层管理者对安全程序的支持	葛森，2000		
	管理层承诺	图尔，1999	安全知识	尼尔，2000 坎贝尔，1993 瓦格纳和施滕贝格，1985

表 2-8（续）

	前置变数			后置变数	
安全氛围的影响因素	组织文化	哈泰尔，2011 格兰登，1999	安全绩效	尼尔等，2006 伦斯特，1994 林嘉德，2002 巴灵等，2005 克里斯坦等，2009 崇智，2000 穆罕默德，2002 托马斯，1999 切恩，1998 斯帕拉，1992 科伊尔，1995 迪亚兹和卡夫雷拉，1997 坎贝尔，1993	
	安全管理	切恩，1998 霍夫曼和史特泽，1996 弗兰奇和贝尔，1995			
	个人责任感	切恩，1998	安全事故	玛丽恩和吉伦，2002 托马斯，1999 图尔，2002 维罗朗，2002 雷伯和威廉，1984 泰勒，1986	
	变革型领导方式	卡普，2012	安全态度	托马斯，1999	
			安全认知	李，1998	
			领导者信息传递风格	巴灵、道林和克洛威，2002	
			感知障碍	布朗，1986	
			感知风险	希欧，2005	
			工作压力	巴灵、道林和克洛威，2002	
			安全态度	李，1998	

在安全氛围研究中，单纯进行安全氛围测量的研究很少，很

多都涉及安全氛围与安全行为（帕伯替阿等，2008；马伦等，2009；尼尔，2000；安帕鲁·奥利弗，2002；格伦登，2001；莲娜等，2001；佐哈尔，2000；佐哈尔等，2004；博斯等，2009；尼尔，2000）、安全绩效（尼尔等，2006；伦斯特，1994；林嘉德，2002；巴灵等，2005；克里斯汀等，2009；崇智，2000；穆罕默德，2002；托马斯，1999；切恩，1998；斯帕拉，1992；科伊尔，1995；迪亚兹和卡夫雷拉，1997；坎贝尔，1993）的相互关系的研究，主要是探讨安全氛围对于安全行为和安全绩效的预测功能。相对而言，关于安全氛围的影响因素，研究探讨了安全领导（切恩，1998；霍夫曼和史特泽，1996；弗兰奇和贝尔，1995）、上下管理关系（格伦登和利瑟兰，2001）、变革式领导（卡普，2012）、高层管理者对安全程序的支持（葛森，2000），以及管理层承诺（图尔，2002）与安全氛围的关系；从个人层面的风险感知（朗德默，2000）、个人责任感（切恩，1998）以及安全参与（博斯等，2009；切恩，1998）对安全氛围的影响关系。尽管现有研究报告中有很多影响因素，但遗憾的是，研究没有解释这些因素是通过何种方式影响安全氛围的；对于影响因素的研究也比较分散，至今没有对现有的影响因素进行归纳。

距1980年佐哈尔首次对安全氛围进行实证研究已经有近30年，关于安全氛围、安全文化的相关研究依然很多。石化、建筑等传统高风险行业依然是研究的重点，学者们也开始关注一些非传统高风险行业，例如尼尔和格里芬（2006）的研究对象是医院的安全，吴（2008）研究的对象涉及高等学校，而香港职业安全健康局（2009）的研究对象已经拓展到金融、保险以及政府机构。这说明各国和各地区对职业安全健康的重视日益提高，也说明了安全文化、安全氛围对于企业安全管理的重要作用日益得到学者们的认同。在研究方法上，大多数学者采用的是横向研究，即在同一时间内对相关企业实施问卷调查，也有学者采用的是纵向研究，即在一个很长时间段内对相同的企业员工重复进行问卷调查。尼尔和格里芬（2006）在 5 年内对澳大利亚一家医院进行了 3 次问卷调查，研究结果表明，群组安全氛围对安全动机、安全动机对安全行为、安全行为对事故率有滞后效果。塔劳尔森等（2008）分别于 2001 年和 2003 年对挪威的 52 个海上石油平台进行了 5 个因子的安全氛围问卷调查，研究发现，相比 2001 年，2003 年安全氛围调查结果在 4 个因子得分上有所提高。赫勒（2000）认为应加大安全文化变革的纵向研究，横向研究只能告诉我们推动文化变革的有限的要素，而纵向研究有可能真正理解哪些文化的要素可以推动安全绩效的提升。在安全氛围因子结构中，绝大多数问卷中都涉及管理层安全承诺，而有的安全氛围问卷题项中只有管理层对安全的承诺的内容（明斯和尤尔，2009；佐哈尔，2005）。

安全氛围的测量层次不同，影响作用也不同，安全知识和安全动机与安全绩效行为高度相关，心理安全氛围（psychological climate）和团队安全氛围（group safety climate）与安全绩效行为的相关性次之（克里斯汀、华莱士、布拉德利和伯克，2009）。巴灵和艾弗森（2005）通过对 138 家企业人力资源和安全主管的数据收集、分析研究得出对管理层的信任和安全氛围的感知在高绩效工作系统和通过安全知识、安全动机、安全依从和安全事故来衡量的安全绩效的关系中发挥着中介作用。安全氛围对个体的安全动机具有显著的预测作用（尼尔和格里芬，2006），也直接影响两种安全加强行为（safety-enhancing behavior）——安全依从和安全参与（帕伯替阿和卡普，2008）。

根据鲍恩和奥斯特罗夫的观点，人力资源管理并不直接影响员工的态度和行为，员工对工作氛围的共同理解是人力资源管理和员工态度及行为之间的中介变量。AMO 理论认为人力资源管理直接影响员工的动机，使员工产生组织所需要的态度和行为。但是人力资源管理实践虽然具有传递信息和发送信号的功能，但不能确保员工理解工作情境的心理意义一致。如果所有的人力资源管理实践经常沟通信息，并以非预期的方式，那么信息的理解就会产生差异。两个员工对同样的人力资源管理实践解释不一样。员工感到不确定，为了降低不确定性，会通过相互作用和沟通形成集体理解，员工对模糊情境中的集体感知形成组织氛围。当员工没有这种组织氛围时，对人力资源管理实践的理解会不同，就不会出现共同的态度和行为。组织氛围对员工高绩效人力资源管理系统的感知影响机制的研究目前还是空白，安全氛围能否对其起影响作用，目前没有得到验证。

3 理论与假设

本研究的理论基础是 AMO 理论和社会交换理论。根据阿佩尔鲍姆（2000）提出的高绩效人力资源系统理论即 AMO 理论，人力资源管理实践就是满足员工的能力、动机和参与机会的需求和兴趣，以提升员工绩效。本研究假设高绩效人力资源系统的三层次对安全知识、安全动机和安全参与产生正向影响。AMO 理论框架是唯一把焦点集中在个人层面上的理论，能力、动机和参与都是员工个人层面，AMO 理论最终的影响结果也是员工个人的绩效（贾普和鲍威，2009）。在人力资源管理研究中，微观的个人层面都是借鉴心理学的范畴来衡量的（科兹洛夫斯基，2009；卢梭，2000），而心理学范畴则都是以"感知"来衡量（贾尼斯、罗伯特和帕特里克，2011），将员工的感知作为中介（帕克、法伊和比约克曼，2003）。高绩效人力资源系统正是基于员工个人的感知。根据社会交换理论，员工—组织关系就是组织对员工贡献的期望和组织实际提供给员工的激励。在投入/贡献模型中（徐，1995），高绩效人力系统是投入部分、安全公民行为是贡献部分，高绩效人力资源系统与安全公民行为呈正向影响，安全知识、安全动机和安全参与在此关系中起中介作用。组织安全价值观是形成员工对高绩效人力资源管理系统有效性感知的前提，也就是说，组织高层对安全越重视，员工对高绩效人力资源管理系统的感知越强烈。管理高层安全价值观作为前置变量影响高绩效人力资源系统感知。

高绩效人力资源系统在什么条件下与安全公民行为之间有更强的关系呢？安全氛围能调节高绩效人力资源管理系统与安全公民行为之间的关系。佐哈尔（2008）对安全氛围的概念进行了修正，他认为安全氛围是组织内员工对组织安全政策、安全程序、安全实践的共同感知。那么在安全氛围浓郁的组织中，安全公民行为是否随着高绩效人力资源管理系统的感知提高而产生更高的行为标准则需要研究证明。

综上所述，本章将详细阐述高绩效人力资源系统前因变量和作用机制。

3.1 高绩效人力资源系统和安全能力、安全动机、安全参与

从衡量的方法上，J. B. 亚瑟（1994）和刘（2007）都采用了对各项维度进行再次捆绑的聚类分析。J. B. 亚瑟（1994）根据人力资源管理政策措施的特征，采用聚类分析的方法将这些企业的人力资源管理体系划分为控制型的人力资源管理体系和承诺型的人力资源管理体系两种类型。结果表明，在对企业经营绩效的影响上，与高绩效人力资源管理模式相一致的承诺型的人力资源管理体系明显优于控制型的人力资源管理体系。刘（2007）根据10项人力资源管理实践推导出3个捆绑，分别是提升技能的捆绑、提高动机的捆绑和提高机会的捆绑，并通过这3个捆绑来影响组织绩效。在上一章中已经阐述了本研究采用孙、阿里耶和刘

（2007）依据班贝格尔和麦休拉姆（2000）的文章改进的量表来衡量企业的人力资源系统。将八大构面进行捆绑聚类分析，把甄选员工、密集培训捆绑为能力提升高阶变数；将内部晋升、雇佣安全、以结果为导向的评估、激励性奖励捆绑为动机激励高阶变量，将员工参与定义为机会提供变量。所以我们将讨论能力提升与安全能力的关系、动机激励与安全动机的关系、机会提供与安全参与的关系。

3.1.1　高绩效人力资源系统中的能力提升与安全能力

研究表明，管理者的实践行为能够影响员工的安全知识。卡西尔布（2010）将安全管理定义为运用组织方法管理安全的行为，包括设计组织结构和制定责任、政策和程序等，认为管理者设置组织机构和制定安全责任、安全政策和程序等工作能够为员工提供安全工作的知识，是影响员工安全行为选择的重要因素。维诺德·库马尔（2011）采用实证分析的方法研究管理者承诺、安全培训、员工参与、安全交流与回馈、安全规程和安全提升政策等6种安全管理行为，通过不同实验模型的比较分析发现，制定安全培训为员工提供必要的安全知识，是预测员工不安全行为的共同管理因素。维诺德·库马尔（2010）发现，安全管理活动并不仅仅是改善工作条件，安全管理更重要的目的是采取一些管理方式来影响员工对安全的态度和行为，他们通过对安全培训管理活动的实证研究表明，培训是影响员工安全知识的最重要的管理因素。弗雷登堡（2002）通过对医院事故的实证调查，归纳了影响员工不安全行为发生的6种管理行为，即管理承诺、奖惩、交流与回馈、选择、培训和参与，从反面证明了培训不足导致员工不具备足够的知识能力是造成医院医疗事故的主要因素。艾克森（2008）通过对 16 种安全管理行为的研究认为，根据职责或目的的不同，可以把各种安全管理行为分为两类：一类是项目经理行为，主要是为员工设置或者提供一种安全的环境和目标规程；另一类是安全管理人员行为，主要是指导和监督员工日常工作活动。目标规程，可以明确员工的工作目的和职责，对于员工的安全知识的规范和标准给予了定义，管理者的管理行为通过日常工作的监督，纠正员工的错误操作，也能够影响员工的安全知识。

高绩效人力资源系统中的能力提升是由高绩效人力资源系统中的甄选员工、密集培训两个构面捆绑得到的高阶变数（阿里耶等，2007）。甄选员工强调：企业投入很大的精力用于筛选正确的员工；企业注重员工的长期发展潜力；企业注重员工甄选的过程；企业投入很大的精力于甄选员工上。密集培训强调：企业为与顾客直接接触或处于一线岗位的员工提供广泛的培训课程；与顾客直接接触的员工每隔几年就会接受一次正规培训课程；企业为新进员工提供有助于他们胜任岗位的正规化培训；企业为员工提供正规的培训课程，以便提升其技能，增加其在组织中的晋升机会。在选拔和培训上的人力资源管理措施提升员工的业务能力，增强他们的安全知识。根据安全知识的定义，完成安全任务时的求助对象信息、内在的安全培训需求信息和如何完成安全任务的讯息都是员工通过经验、推论和社会三个来源获得的安全知识（塔希拉和布鲁贝克，2001）。组织通过招聘人才，选拔拥有适合技能的员工，以便顺利完成工作任务，这是通过经验来源获得安全知识；同时通过培训实现新知识的学习和技术骨干的培养是从推论和社会两个方面获得安全知识。高绩效人力资源管理系统中的能力提升捆绑综合了这些观念，认为员工能力和努力是决定个人绩效的关键要素之一，所以这些安全管理的实践会影响员工安全知识的形成（坎贝尔，1993；尼尔，2000；阿肖克，2008；布拉德利和布尔克，2009；普罗斯特和伊库尔，2010；维诺德·库马尔，2010）。

假设一：高绩效人力资源系统中的能力提升与安全知识呈正向影响关系。

3.1.2 高绩效人力资源系统中的动机激励与安全动机

高绩效人力资源管理系统中的动机激励是将内部晋升、雇佣安全、以结果为导向的评估、激励性奖励4个构面捆绑的高阶变数（阿里耶等，2007）。内部晋升包括：员工有机会向上流动；员工在组织中对未来抱有希望；组织中晋升建立在资历深浅的基础之上；员工在组织中有较为清晰的职业发展路径；相较于其他员工而言，与顾客接触的并且渴望晋升的员工更有机会获得晋升。雇佣安全包括：员工想在企业待多久，就多久；员工的工作安全得到保障。以结果为导向的评估包括：企业通过客观的量化指标来衡量绩效；企业对员工的绩效评估建立在客观的量化指标之上；企业对员工的绩效评估侧重于员工长期的、以团队为基础达成的工作成效方面。激励性奖励包括：员工的奖金是建立在组织利润的基础之上的；企业按照个体或团队的绩效支付员工奖金。通过这些题项可以看出人力资源管理在激励方面对员工积极性的提升措施和组织对员工的投入。本研究将安全动机定义为引发个体做出安全行为，并将安全行为与价值实现相关联，以确保组织及组织中的其他员工处于安全的环境中的内在力量（塔希拉和布鲁贝克，2001；尼尔和格里芬，2006），并同时采用尼尔和格里芬（2006）开发的量表，包括3个题项："我"认为努力维持或改进个体安全是值得的、"我"认为无时无刻保持安全意识是必要的、"我"认为降低工作场所出意外和事故的危险是重要的。量表反映从自我管理和组织激励两个来源形成的安全动机。根据弗罗姆（1964）提出的期望理论，个体是理智的，在行为发生前，必先估算行为所获得的奖酬以及奖酬对个体的吸引力，方决定是否努力完成该目标。以结果为导向的评估将员工的努力成果与绩效关联、激励性奖金将绩效与报酬关联，从而能够对员工的安全行为进行良好的激励。

假设二：高绩效人力资源管理系统中的动机激励与安全动机呈正向影响关系。

3.1.3 高绩效人力资源系统中的机会提供与安全参与

高绩效人力资源系统中的机会提供是由高绩效人力资源管理系统中的最后一个构面——员工参与直接转换而来，包括员工经常被主管叫去参与决策的制定、员工被允许做出决策、员工有机会对各项事项的工作方法提出改进意见、主管能就工作与员工敞开交流与沟通。题项是通过员工与主管共同决策来提供机会，提高员工安全参与的程度。本研究中安全参与的定义是那些并未直接作用于个体安全，却能促使、支持安全氛围营造的行为（格里芬和尼尔，2000）。采用了克拉克和卡蒂（2006）开发的量表，题目共计7项：我参与有关健康和安全方面的目标设定和/或计划改进的工作；我参与讨论健康和安全系统的有效性；我参与健康和安全的风险评估；我参与健康和安全审计；我主动承担有助于提高安全生产的任务和活动；我认为自己有责任参与安全措施方面的活动；在组织中，即使主管不在，员工也能安全作业。在较好实践人力资源管理实践的企业，主管允许或者鼓励员工参与决策的制定，并敞开沟通，为员工提供表达与工作相关的改进措施或意见的机会。如奥斯特曼（1994）认为四种创新的工作实践，即团队合作、工作轮换、质量循环和全面质量管理有利于提高员工参与的机会。安全参与并没有直接作用于个体安全，而是能够发挥促使安全氛围形成的作用（格里芬和尼尔，2000）。这些行为包括参与一些自愿的安全活动、帮助同事们完成与安全相关的事宜和出席安全会议等。从此可以看出，为员工提供安全参与的机会可以影响员工安全参与的程度。

假设三：高绩效人力资源系统中的机会提供与安全参与呈正向影响关系。

3.2 高绩效人力资源系统和安全公民行为

安全公民行为来源于组织公民行为，是一种超越员工角色要求而有利于或意图有利于组织的自发性员工行为（奥根，1988）；是非任务角色外绩效，以社会交换理论为基础，当组织对员工进行投入，员工会对组织做出贡献，组织公民行为就是组织对员工投入后得到的员工贡献（巴纳德，1938；霍曼斯，1958；布劳恩，1964；徐，1995）。组织公民行为作为员工对组织投入的贡献方式通常包括：加班工作、忠诚、自愿从事职责外的工作、离职前预先通知、接受内部工作调整、不帮助竞争对手、保守公司商业机密（卢梭，1990）。罗琳等（2000）在自己1994年提出的员工贡献方式的基础上进行了完善，在对员工交换内容的文献分析中提出员工贡献包括：承担发展和保持技能的责任、产生积极的（工作）结果/增加明显的价值、理解组织与业务的本质、以顾客为中心、发挥主动性/提点子、有在团队中工作的能力、传统的忠诚。本研究将安全公民行为定义为超越安全守则规定，并且对组织的安全管理有所帮助的安全行为。采用戴维和弗雷德里克（2003）对组织公民行为研究中的若干衡量题项修正了的量表，得出了与安全相关的帮扶、意见、管家事宜、告知、公民美德和发起与安全相关的变革六个构面，可以看做是员工对组织的贡献。

高绩效人力资源系统可以看做是组织对员工的投入，因为组织投入是指在员工关系中，组织为了获取员工的"回报"而付出的各种物质和非物质的成本，巴纳德称其为诱因。卢梭（1990）的实证研究中的组织投入包括：提升、高额报酬、绩效奖励、培训、长期工作保障、职业发展、人事支持。鲁滨孙等（1994）的研究中组织投入包括：丰富化的工作、公平的工作、成长机会、晋升、充分的工具和资源、支持性的工作环境、有吸引力的福利。1997 年赫里欧和曼宁提出的组织责任项目有：培训、公正、关怀、协商、信任、友善、理解、安全、有恒一致、薪资、福利、工作稳定 12 个类别。罗琳等（2000）对员工交换内容的文献分析中组织投入包括：培训，教育，技能发展机会；员工参与决策/授权；公开，诚实，双向沟通；职业生涯发展帮助（如咨询，指导）；薪酬与绩效挂钩；挑战性的，有意义的，有兴趣的工作；工作、非工作生活平衡；绩效回馈；组织内的提升机会；赞扬，承认，认可（非货币的）；友好的，合作的或有趣的工作环境；传统工作保障。我们可以将上述的组织对员工的投入分为两类：一种是物质性投入，包括薪酬、经济性福利等；另一种是发展性投入，如职业生涯发展管理、员工参与决策/授权、培训、公平、尊重和关心等。本研究的高绩效人力资源系统的概念是由甄选员工、密集培训、内部晋升、雇佣安全、清晰的工作描述、以结果为导向的评估、激励性奖励和员工参与八个构面（阿里耶等，2007），能力提升、动机激励和机会提供三个捆绑聚类构成的，从能力、动机和参与三个方面对员工投入。

员工关系理论上的研究，扩展的投入/贡献模型已有的实证研究。研究表明，员工在组织提供投入较多的员工关系模式下会表现出更高的绩效以及更好的工作态度。有人通过对 481 名 MBA 学生的调查得出，在投入更多的模式中，员工会表现出更高的组织支持感、组织承诺、对同事的信任及公平感。还有人则用中国境内管理人员的样本证实了对中层管理人员使用投入更多的员工关系模式的公司的绩效会更高。所以高绩效人力资源管理系统的投入对安全公民行为的员工贡献会产生影响。

3.2.1 高绩效人力资源系统中的能力提升与安全公民行为

本研究包括安全公民行为与安全相关的帮扶、意见、管家事宜、告知、公民美德和发起与安全相关的变革六个构面（戴维和弗雷德里克，2003），前三个构面来自于范·达因和他的同事们在理论和实践上的探索研究，而以安全为导向的公民美德来自帕德萨夫等（1990）的研究，与安全相关的工作场所的变革则来自于莫里森和弗尔普斯（1999）的研究。第一构面帮扶包括志愿为安全做贡献；协助新员工进行安全程序教育；协助他人以确保工作安全完成；协助新员工进行安全操作；帮助其他员工了解安全操作实践；协助他人履行安全职责。第二构面意见包括提出与安全操作相关的建议；积极建言，并鼓励他人参与安全事宜；即使他人并不赞同，依然坚持原则对安全事项提出建议；在任何事项的计划阶段，采取行动引起各界对安全的关注。第三构面管家事宜包括保护同事远离安全隐患；用自己的方式来提醒同事注意安全；采取措施，避免同事处于危险境地；试图阻止其他同事在工作中受伤；采取措施阻止安全隐患，以确保同事的安全。第四构面告知包括告知同事，一旦出现安全违规操作，将立即上报；时刻提醒同事要谨遵安全操作程序；监督新员工，以确保他们安全操作；及时举报违法安全程序人员；告知新员工，违反程序安全的行为将不会得到宽恕。第五构面公民美德包括参加安全会议；参加非强制的与安全相关的会议；及时告知安全政策和程序的变化。第六构面发起与安全相关的变革包括尝试改进安全程序；尝试改变工作方式，以确保更加安全地操作；尝试改变政策和程序，以确保更加安全；提出改进任务安全的建议。能力提升包括高绩效人力资源管理系统中的甄选员工、密集培训两个构面，从重视发掘员工的潜力，到为员工提供常规和新技术的培训都可以看做是组织对员工的投入，员工感觉到组织对自身的重视和培训的投入就会主动回报组织。所以，能力提升与安全公民行为呈正相关。

假设四：高绩效人力资源管理系统中的能力提升与安全公民行为呈正向影响关系。

3.2.2 高绩效人力资源系统中的动机激励与安全公民行为

组织的投入即诱因，也是员工激励的因素，因此我们又可以称之为组织激励的类型。动机激励的诱因是组织在发展和物质两方面组织都对员工投入；企业组织的成员通过诱因和贡献保持平衡而得到满足，继续与实现企业组织的目的保持协作。由于贡献的继续，企业组织也就能够存续。如果诱因小于贡献，组织成员就不满，对实现企业组织的目的进行协作的积极性就会丧失，企业组织也就不能存续。所以，贡献和诱因的平衡就是组织的平衡。组织保持平衡时，才能存续，才能发展。反之，当组织不能保持平衡时，就会衰弱，终将消亡。巴纳德（1938）的诱因—贡献理论用社会交换的思想简明透彻地描述了员工与组织的关系。动机激励包括高绩效人力资源管理系统的内部晋升、雇佣安全、以结果为导向的评估、激励性奖励4个构面。从为员工提供清晰的职业发展路径和安全保障，用量化的衡量指标评估业绩，到以个人和团队为单位的奖励机制，可以较全面地体现激励对员工的诱因作用，即组织的物质投入和发展性投入都为较高的水平时会影响员工的贡献，使员工愿意主动帮助团队的其他成员，并提醒或阻止团队成员或同事在业务操作上过失行为的发生。所以，动机激励与安全公民行为呈正相关。

假设五：高绩效人力资源系统中的动机激励与安全公民行为呈正向影响关系。

3.2.3　高绩效人力资源系统中的机会提供与安全公民行为

罗琳等（2000）在对员工交换内容的文献分析中将员工参与决策和授权作为组织投入的重要内容。参与（participation）是人力资源管理系统实践的重要构面之一。

最早对绩效影响因素进行研究的维莎曼（1964）从一开始就将激励作为影响员工绩效的两个因素之一，认为绩效 = f（能力，激励）。布隆贝格和普林格尔（1982）在维莎曼的公式上又增加了"机会"这个变量。艾因霍恩和贺加斯（1983）提出了绩效公式 P = f（s、m、o、e）（绩效，技能，激励，机会，环境）。高绩效人力资源系统作为企业管理中的安全管理，涉及员工的参与，而这种参与因为与员工的安全行为相关，也被称为安全参与（格里芬和尼尔，2000）。康奇和唐纳德（2008）认为管理层鼓励员工参与安全事务能与员工建立良好的合作关系并使双方相互信任。根据社会交换理论，员工会努力完成管理层要求的目标以"回报"管理层的信任，同时也能促进员工角色外的安全行为，即安全公民行为。管理层安全承诺、员工安全参与及员工安全意识对员工主动参与安全事务的行为具有直接的推动作用（默恩斯，2001）。本研究中的机会提供从提倡员工参与决策、主管主动与员工沟通听取员工意见入手，使员工意识到组织愿意员工参与到安全管理中来，员工就会表现出愿意参加强制或非强制的会议，并主动提出安全相关的变革性建议。所以，机会提供与安全公民行为呈正相关。

假设六：高绩效人力资源系统中的机会提供与安全公民行为呈正向影响关系。

3.3 安全知识、安全动机、安全参与的中介作用

研究员工离职率在人力资源管理影响企业绩效过程中的中介作用（休斯里德，1995；巴特，2002）和将经理人员的社会网络资源作为人力资源管理对企业绩效的影响中介（柯林斯等，2003），或者将员工的感知作为中介（帕克、法伊和比约克曼，2003）；以及把员工队伍的素质能力等因素作为中介的研究（李书玲等，2006），都只是从一个侧面或者局部揭示了人力资源管理影响企业经营结果的机理，而对于人力资源管理为什么能够帮助企业形成和提高组织能力，并且形成企业组织建立和发展竞争优势的独特资源，没有进行解释和验证，缺乏理论基础和全面系统

的证明。因此，人力资源管理研究在研究企业的人力资源管理是如何对企业的最终目标产生积极作用的过程中，需要探索能够全面地反映人力资源管理的作用且同时具有理论和实践含义的中介变量。

德利尔和多提（1996）指出，人力资源管理对企业绩效的影响隐含着三种理论，即最佳实践观点、权变观点和结构主义观点。他们利用美国银行业样本对这三种理论流派的功效进行了检验，实证结果表明最佳实践的观点得到了最强烈的支持。事实上，休斯里德（1995）在试图验证权变的战略人力资源管理理论的过程中，意外地为基于最佳实践观点的高绩效人力资源管理促进企业绩效的主张"提供了广泛的证据"。其他学者在非美国情境下检验高绩效人力资源管理措施对企业绩效的正向影响也得到了广泛的支持（格思里，2001；劳勒，2000；劳勒等，2003）。安全绩效的决定因素是指直接解释在安全服从行为和安全参与行为方面个体差异的因素。坎贝尔等（1993）认为只有三个导致安全绩效差异的决定因素：知识、技能和动机。有些学者批评这个假设，认为可能还有其他的决定因素。比如，赫斯基思和尼尔（1999）认为，情景因素可能引起个人在安全表现的差别。然而可获得的证据表明，在大量的前后关系中，知识、技能和动机是导致个体安全表现差异的决定因素。因此，特殊的安全行为取决于安全知识和安全技能，对安全行为的执行方面则取决于安全动机。坎贝尔等（1993）认为，影响绩效的三个关键因素即知识、技能和动机，在绩效的前因变量和绩效内同之间起到了中介作用。如果个体没有充足的知识和技能遵照安全规章或参加安全活动，则他不能够进行这些行动；如果个体没有充足的动机依从安全规章或参加安全活动，他不会选择执行这些行动。因而，这个理论认为知识、技能和动机在安全氛围和安全绩效之间起到了中介调节的作用。

3.3.1 高绩效人力资源系统的能力提升

尼尔和格里芬（2000）认为知识、技能和动机会对安全绩效的不同成分产生不同的作用。可能"知识与技能"与"安全服从行为"的关系要强于"知识与技能"与"安全参与行为"的关系，而"安全动机"与"安全参与行为"的关系要强于"知识与技能"与"安全服从行为"的关系。为了遵守安全程序，个人需要了解如何安全地进行工作并掌握进行安全工作的技能。而"知识与技能"对"安全参与行为活动"来讲，显得不那么重要，因为"安全参与行为活动"需要更加普通的"知识和技能"，瓦格纳和斯坦伯格（1985）将其称为"内隐知识"。"安全动机"与"安全参与行为"的关系可能要强于"知识与技能"与"安全服从行为"的关系，因为"参与活动"常常是自愿的，而"服从"是命令性质的。

从以上分析中可以看出：高绩效的人力资源管理实践活动将激发员工做出更多超越安全守则规定、对组织的安全管理有所帮助的安全行为；而消极、负向的人力资源管理实践活动，则阻碍着员工安全公民行为的实现。较好的人力资源管理实践活动能够增进员工外显的安全知识和内隐的安全知识的获取；而低绩效的人力资源管理实践活动则不利于安全知识的获取，无法激励安全行为的产生，无法激发员工的安全参与热情。因此，本研究假设人力资源系统通过选拔和培训培养员工，员工的安全知识和技能得到提高和自我肯定后才会主动帮扶同事并参与到安全决策中来，从而实现对安全公民行为的影响。

假设七：安全知识在高绩效人力资源系统的能力提升和安全公民行为关系中起中介作用。

3.3.2 高绩效人力资源系统的动机激励

在本研究中我们关注安全动机这一对安全行为有直接影响的因素（克里斯坦等，2009；尼尔和格里芬，2004）。安全动机是指员工以安全的方式执行工作的意愿，表现出安全行为的动力（格里芬和尼尔，2000；霍夫曼、雅各布斯和兰迪，1995）。根据期望—效价理论（普罗布斯特和布鲁贝克，2001），如果行为导致结果的可能性越强，而且该结果对个体的价值越大，那么做出这一行为的动机就越强。当员工认为遵守安全程序会产生有价值的结果时，就会愿意做出安全遵守行为（尼尔和格里芬，2006）。在积极的安全氛围中，遵守安全规章更有可能获得奖赏回报，因此员工的安全动机就比较强（霍夫曼等，1995）。对医院职工和制造业员工的调查发现安全动机能够正向预测安全遵守和安全参与行为，而且能够协调安全氛围和安全行为之间的关系（格里芬和尼尔，2000；尼尔等，2000）。对化工企业的研究也显示安全动机能够影响员工的安全遵守和安全参与行为，且协调安全管理实践和安全行为的关系（维诺德·库马尔，2010）。

如前所述，安全公民行为是员工根据组织投入和自己感知情况选择的结果，员工的选择行为方式不可避免地要受到自身内在因素的影响，即受到自身安全知识和安全动机的影响。许多学者也对此进行过研究，朗德默（2000）在研究挪威的水电安全问题时发现，员工的风险感知会影响员工的作业行为，这是影响员工选择不安全行为的内在因素之一。伊洛（1999）在研究森林工人的风险行为后认为，通过提高工人对风险的认知可以有效地减少工人的行为风险，管理者的职责就是通过对监督方式或者工作环境的合理设计，并在作业过程中给予工人适当的指导来减少工人的行为风险。因为安全知识和安全动机对自身行为方式的影响是显而易见的。根据期望—效价理论（普罗布斯特和布鲁贝克，2001），如果某一行为导致结果的可能性越强，而且该结果对个体的价值越大，那么做出这一行为的动机就越强。因此本研究中假设，通过高绩效人力资源系统的奖励和激励措施，使员工认为维持和改进安全是值得的，从而愿意主动协助安全事宜的履行和积极提供安全有效的措施。

假设八：安全动机在高绩效人力资源系统的动机激励和安全公民行为的关系中起中介作用。

3.3.3 高绩效人力资源系统的机会提供

尼尔和格里芬（1997）提出了一个安全行为模型，行为的内容代表了在一项给定工作中与任务相关的主要维度。该模型整合了安全绩效的两个维度：安全服从行为和安全参与行为。安全服从行为包括遵守安全程序、以安全方式执行工作和穿上个人防护服等。安全参与行为并不直接对个人安全做出贡献，但是有利于形成一个保障安全的工作环境。安全参与行为包括在工作场所帮助工友、促进在工作场所之内的安全方案、展示主动性和付出努力以改进安全。维诺德·库马尔和贝斯（2010）研究了印度南部卡拉拉邦的 8 家高危险事故企业的 1566 名员工，发现安全管理实践会直接或间接地影响安全绩效，同时安全依从、安全参与、安全知识和安全动机在这些关系中发挥中介作用。德阿蒙、史密斯、威尔逊等（2011）通过对建筑行业的调查发现，安全依从和安全参与与职场伤害呈负相关，并且二者对职场伤害的影响无显著差别。哈洛韦尔和卡尔霍恩（2011）指出在建筑行业，避免员工受伤是有效的组织管理的重要组成部分，而高水平的安全绩效要求有效的安全计划的实施。研究通过分析得出，安全经理、员工的参与和投入、职场安全计划的制订、高层管理者的支持和承诺是有效安全计划实施的最重要、最核心要素。根据社会认同理论（social identity theory）的观点，当员工对组织和工作有较强的认同感、工作价值得到认可时，不仅对员工的任务绩效有很强的激励作用，同时也能够激发员工参与更多的组织公民行为（阿尔格、巴林杰和奥克利，2006）。具体到安全环境下，当员工对工作任务充满兴趣时，组织提供适合的机会，能促进员工主动参与安全行为；如果员工认为自己的工作很重要、机会难得，则会增加安全遵守和安全参与行为。在本研究中，假设通过高绩效人力资源管理系统给员工提供机会，促使员工可能参与风险评估，有机会参与安全制度的制定工作，从而使员工更加愿意也更有资格监督和确保安全操作，并时刻提醒同事遵守操作程序等安全公民行为。

假设九：安全参与在高绩效人力资源系统的机会提供和安全公民行为的关系中起中介作用。

3.4 安全价值观：高绩效人力资源系统的前置变量

学者们从战略人力资源管理的视角，把人力资源管理系统看作"由一系列具有内部一致性的实践措施"（戴尔和里夫斯，1995），这一系列的因素在实践系统里是统一的（马克杜菲，

1995)。许多研究已经提供了战略和人力资源管理系统的模型构成（J. B. 亚瑟，1992，1994；贝京，1991；戴尔和霍尔德，1988；寇肯和卡茨，1988；迈尔斯和斯诺，1984；奥斯特曼，1987；沃尔顿，1985；沃马克、琼斯和鲁斯，1990；赖特和斯内尔，1991）。然而，戴尔和里夫斯（1995）指出，众多模型特征可以归纳为高员工参与型、广泛的培训项目、灵活的工作设计和低员工参与型、有限的训练项目、高度专业化的工作这两大类。我们把前者称为"高参与的人力资源管理战略"，把后者称为"传统的人力资源管理战略"。

员工作为组织竞争优势是资源导向型人力资源管理的核心，也是高参与人力资源管理战略的管理哲学和核心价值观。组织高层管理者价值观与管理实践系统之间的影响已被很多学者验证（乌尔里克，1997；诺埃、霍伦贝克、切哈特和赖特，1997；布特勒、费理斯和纳皮尔，1991；拉多和威尔逊，1994）。不同的组织特征形成不同的人力资源管理实践（王，2001），可从三个方面划分组织特征：一是公司的规模特征；二是公司架构组织文化；三是高层价值观、态度和行为。

学者们的共同观点是，一旦组织高层管理者意识到以人力资本作为组织竞争优势的资源，就会在人力资源管理实践中制定一系列的相互配合、互惠和一致的整体人力资源管理措施，实现组织高层管理者在组织层面的战略制定。如果我们进一步认为高层管理者通过专业化培训和社会化合作等可以形成人力资本竞争优势，实现高参与人资源管理战略，就可以得出假设——高层管理者越强调人力资本竞争优势的价值观，就越有可能实现高参与人力资源管理实践（劳勒，2000）。高层拥有什么样的价值观就会形成什么样的人力资源管理实践，根据奥斯特罗夫和鲍恩

（2000）的观点，公司采用高参与、灵活、激励和发展的人力资源管理实践就是高参与和高承诺的人力资源管理战略，而实践操作的效果和形成的人力资本价值，主要依靠组织高层管理者对高参与和高承诺的人力资源管理战略的重视和支持。高层管理者对人力资源管理战略的重视程度甚至影响到人力资源管理实践中的政策撰写、员工具体的培训项目和工作遵守的条例规则制定等（勒温和杨，1992）。

高层管理者对组织安全具有重要作用（佐哈尔和卢里亚，2010）。一项元分析显示，高层管理者和安全氛围的相关度高达0.61（霍夫曼等，2006）。与其他领导风格相比，变革型领导（Transformational leadership）能够显著提高员工对安全氛围的知觉（佐哈尔，2002，2008），提高员工安全遵守和安全参与的行为，降低工作场所的安全事件和职业伤害（巴灵和洛克林，2002）。而消极领导（Passive leadership）与安全氛围知觉呈负相关，而且会增加职业安全的风险（克洛威，马伦和弗朗西斯，2006）。目前研究者主要从两个角度来解释变革型领导对下属安全行为的积极作用。一方面，变革型领导通过领导魅力（idealized influence）、感召力（inspirational motivation）、智能激发（Intellectually stimulating）和个性化关怀（Individualized consideration）等以任务为导向（task-oriented）的领导行为，使员工发掘自己的潜力，来实现高水平的绩效表现（巴斯，1995；巴斯和阿沃利奥，1990）。另一方面，变革型领导重视个性化的关怀即关注员工的个人需求和发展，尊重下属，发展积极的社会交换（荣格和阿沃利奥，2000）。高质量的领导成员交换能够促进下属对安全相关问题的沟通，提高对安全的承诺，激发下属扩展他们角色之外的工作行为，从而做出更多的安全公民行为（霍夫曼、摩根森和吉拉，

2003)，减少事故的发生（霍夫曼和摩根森，1999）。从根本上来说，组织情境因素（如领导风格）与员工安全动机的激发有关（格里芬和尼尔，2000；尼尔和格里芬，2006；斯特拉德林、巴克斯特和坎贝尔，1990）。目前个人和组织价值观匹配的研究核心重点是个人人格特质、信仰、价值观与组织文化、组织规范和组织价值观一致的程度对员工与组织的效能的重要影响（赖利等，1991；凯布尔和贾奇，1997；克里斯托夫等，2002）。价值观是组织文化中最基本、最持久的思想层面。高层的安全价值观在高绩效人力资源管理系统中从能力提升、动机激励和机会提供三方面产生影响。

第一，高绩效人力资源系统中的能力提升方面。在人员招聘过程中，需要根据组织的价值观来寻找用人的人格特质、信仰、价值观与组织的文化、策略要求，以及规范与价值之间一致的程度。这样可以帮助组织招聘到与组织目标、价值观、组织文化等相匹配的员工。每种价值观都因行业、领导等特性的不同而不同，因而对员工的要求也不同。在安全价值观组织里，在招聘中会以安全责任心和安全价值观为重要选拔标准，员工很容易接受组织的价值观。

第二，高绩效人力资源系统中的动机激励方面。在安全激励措施中，员工认同了安全价值观，才有可能被激励，相反，员工不认为安全是最重要的生产因素，那么关于安全方面的激励，对其不起作用，也不会形成安全行为。所以只有认同了组织的安全价值观，才有可能珍视组织为员工提供的一切安全保障，才会承认结果为导向的评估和激励性的奖励。

第三，高绩效人力资源系统中的机会提供方面。在员工非常希望和看重安全因素在生产中的地位时，组织提供的关于安全的会议邀请，员工会积极提出改进意见并乐于向主管汇报交流在生产中发现的安全问题。

假设十：安全价值观与高绩效人力资源系统中的能力提升（假设十a）、动机激励（假设十b）和机会提供（假设十c）呈正向影响关系。

3.5 高绩效人力资源系统与安全公民行为：安全氛围的调节作用

根据AMO理论，人力资源管理直接影响员工的动机，使员工产生组织所需要的态度和行为。但是人力资源管理实践虽然具有传递信息和发送信号的功能，但不能确保员工对工作情境的理解与组织一致。行为—结果的期望是安全氛围（safety climate）影响安全行为的内在机制（佐哈尔，2003）。员工根据企业的安全氛围判断安全在组织中受重视的程度，据此可以形成行为—结果的期望，即预期做出安全行为会获得什么样的结果、是否会获得奖赏等，这种期望会影响安全行为的频率（佐哈尔，2000，2003，2008）。不同员工对同样的人力资源管理实践的解释不一样。当员工对人力资源管理实践的理解不同，就不会出现共同的态度和行为（鲍恩和奥斯特罗夫，2004）。员工感到不确定，为了降低不确定性，他们会通过相互作用和沟通形成集体理解，员工对模糊情境中的集体感知则形成组织氛围。

在安全氛围与安全行为方面，葛森等（2000）认为一个安全的环境会支持和强化员工的安全行为，由于员工间相互影响而进一步影响团体的行为，而团体的行为则促进安全工作环境的产生，从而再次强化了安全环境，形成安全氛围。葛森等（2000）

也指出较高工作安全氛围知觉的员工，其遵从安全行为表现较佳。在安全氛围与安全绩效的关系方面，凯瑟琳和罗娜（2003）研究了海岸环境下安全管理、安全氛围和安全绩效的关系。其研究结果显示安全管理和安全氛围对于安全绩效都有很大的作用。安全管理包括管理层采取的措施和员工的参与，而安全氛围则包括员工感觉到的管理层对安全的重视和对安全问题的态度。更有利的安全管理实践和安全氛围可以互相促进，并与较低的事故率相关。他们对岸上环境的安全氛围进行了跨组织的调查，进行了方差分析，得到的结果证明有利的安全管理和安全氛围可以提升安全绩效。

从上面的分析中可以看出，人力资源管理系统的实践会激发安全公民行为的产生，提升个体的安全绩效；安全氛围也会激发安全公民行为的产生，提升安全绩效。因此，本研究提出员工对人力资源管理实践的感知受安全氛围的调节作用的影响。随着安全氛围的增强，员工对人力资源管理实践的感知和理解会趋同一致，才更能形成安全公民行为。员工对人力资源管理认同和理解，在能力提升方面，对招聘和培训的目的与组织一致，就容易在生产操作中协助员工按照安全生产措施执行，产生安全公民行为；在动机激励方面，对于组织提供的安全保障和奖励激励表示认同，就愿意主动监督新员工的安全操作，并且积极鼓励同事参与安全事宜；在机会提供方面，对于组织提供的安全会议和安全学习机会，员工也认为非常必要，就会积极利用机会学习参与安全管理，并且可能在适当机会提出安全改进模式，确保安全生产。综上所述，安全氛围表现越强的组织，人力资源系统对安全公民行为和安全绩效的影响更加强烈；反之亦然。

假设十一：安全氛围在高绩效人力资源系统的能力提升（假

设十一a)、动机激励（假设十一b）机会提供（假设十一c）和安全公民行为关系中分别起到调节作用。安全氛围越强，高绩效人力资源系统的能力提升、动机激励和机会提供对安全公民行为的影响越明显。

总结以上假设，各变量之间的研究模型如下：

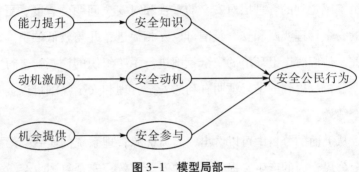

图 3-1　模型局部一

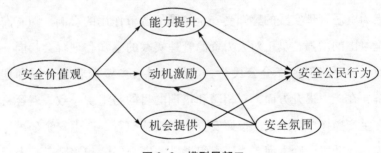

图 3-2　模型局部二

4 研究方法

4.1 调研方法

本研究中样本研究的对象是位于珠海的一家世界五百强企业，属于制造型企业。从样本的行业、地域、员工人数和生产设计角度来论证样本企业的特点。从行业特点和生产设计来看，涉及多层电路板及安装、计算机机壳、手机等方面的电路板（PCB）、电路板组件（PCBA）、金属冲压、注塑、模具制造服务。对于这种原始设备制造商（original equipment manufacture, OEM）企业，人工生产流水线的安全生产是企业管理的核心，也是企业绩效的重要指标，每年在安全生产事故方面的损失占企业总产值的2%（吴，2008）。在珠海该企业工业园内设立了11家公司，共50间厂房车间，50间厂房车间按照不同的产品制造生产线划分出232条生产线。从调查人数来看，珠海的生产工业园地现拥有员工4万人左右。考虑到该制造型企业在珠海的生产工业园中生产线和生产车间数目众多、种类差异较大，在本研究中采用分层随机抽样的方法进行抽样，即将总体分成几个互斥的层（子集），各子集间尽可能异质，而各子集内尽可能同质，然后从每个子集中利用随机抽样的方法,按照一定比例抽取规定数量的样本。以该制造型企业在珠海的生产工业园232条生产线为总体进行抽样,总体按如下三个大类品进行分层:多层电路板及安装、计算机机壳、手机。

本研究采用问卷调查方式。调查问卷分员工问卷和主管问卷,主管与其指导下的下属,按1:8的比例发放问卷。整个问卷分三次发放。所有接受调查的员工都是一线操作人员,对于安全生产的制度和措施以及安全的知识、动机和参与都是直接的个体知觉和行为。第一次于2012年6月对440名员工发送问卷,收集员工对于研究模型中的安全价值观和高绩效人力资源系统的评估数据;第二次间隔1个月,对相同样本员工发放问卷,收集对于员工自身的安全知识、安全动机和安全参与的评估数据。在前两次填写的调查过程中,研究者将纸质问卷带到培训课堂上,利用随机抽取的55条生产线换班的时间,召集了55名主管及其领导下的440名员工,在4间培训室先开展了20分钟的培训,对问卷填写和题项进行解释,强调了本研究问卷资料仅用于学术研究,不涉及商业用途的原则,并承诺对企业名称以及其他所有信息保密。然后请被调研员工填写。问卷由研究者现场收回。在前两次调查过程中,主管参与培训但并没有填写问卷。在第三次调查中主管得到问卷,带回填写。在两个星期后,研究人员回收了55份主管问卷,收集对于被调研员工的安全公民行为评估数据。

在发放和回收的440套员工—主管配对问卷(450名员工和55名主管)中,对填写问题不完整、明显存在随意选择倾向、个人资料填写不完整等问题的问卷进行筛选,得到有效员工—主管配对问卷400份(400份员工问卷和50份主管问卷)。

4.2 样本描述

本研究对主管和下属员工的背景资料，包括性别、年龄、职位、工作年限进行了频数分析，计算其次数分配和百分比，与公司整体的分配情况相互验证。另外，对问卷各变量的平均数和标准偏差进行了分析，以了解研究样本的各变量的集中及离散情况。在进行理论模型的检验之前，需要对调研数据进行预处理，目的是为了检测资料是否合乎本文的使用目的。

表4-1   问卷样本描述

特征	类型	样本数	百分比	累计百分比	标准偏差	平均值
性别	1. 男	194	48.5%	48.5%		
	2. 女	206	51.5%	100%		
	累计	400	100%	100%		
年龄	1. 18~20 岁	62	15.5%	15.5%		
	2. 20~25 岁	133	33.25%	48.75%		
	3. 25~30 岁	85	21.25%	70%	24.08	21.02
	4. 30~35 岁	120	30%	100%		
	累计	400	100%	100%		
教育	1. 初中 9 年	183	45.75%	45.75%		
	2. 高中 12 年	121	30.25%	76%		
	3. 大专 15 年	54	13.5%	89.5%		
	4. 大学 16 年	27	6.75%	96.25%	1.70	0.85
	5. 研究生 19 年或以上	15	3.75%	100%		
	累计	400	100%	100%		

表4-1(续)

特征	类型	样本数	百分比	累计百分比	标准偏差	平均值
婚否	1. 单身	196	49%	49%		
	2. 已婚	204	51%	100%		
	累计	400	100%	100%		
工龄	1. 1年	147	36.75%	36.75%	1.95	1.11
	2. 2年	163	40.75%	77.5%		
	3. 3年	30	7.5%	85%		
	4. 4年	26	6.5%	91.5%		
	5. 5年	34	8.5%	100%		
	累计	400	100%	100%		
与主管共事时间	1. 1年	180	45%	45%	1.75	0.94
	2. 2年	158	39.5%	84.5%		
	3. 3年	25	6.25%	90.75%		
	4. 4年	17	4.25%	95%		
	5. 5年	20	5%	100%		
	累计	400	100%	100%		
每周工作时间	1. 40~49小时	74	18.5%	18.5%	59.04	16.35
	2. 50~59小时	71	17.75%	36.25%		
	3. 60~69小时	151	37.75%	74%		
	4. 70~79小时	39	9.75%	83.75%		
	5. 80~89小时	31	7.75%	91.5%		
	6. 90小时以上	34	8.5%	100%		
	累计	400	100%	100%		

由表4-1所示，400份有效问卷中，48.5%为男性、51.5%为女性。全部年龄都在35岁以下，这也符合制造行业生产流水一线工人

的在职年龄。45.75%的员工初中毕业，37.75%的人每周工作时间在60~69小时之间。这证实了样本对象是研究安全生产问题的合适对象。

4.3 测量

本研究问卷所使用的测量工具以中文的形式向中国员工调查。问卷原始量表都为英文。问卷采用了"双向翻译"（two-way translation），确保中文翻译与原始英文量表的意思表达一致。

4.3.1 高绩效人力资源系统

高绩效人力资源管理系统的量表来自于阿里耶等（2007）的研究。研究中的高绩效人力资源系统变量，从理论上进行捆绑可分为能力提升、动机激励和机会提供三个变量。从统计方法上，利用聚合分析检验三个变量的题项是否可以测量变量的概念，其他六个变量的题项亦需要聚合效度检验。当以问卷题项或其他观察变量测量潜变量的时候，观察变量和潜变量之间的关系有一定假设，即假设了以哪些观察变量来测量潜变量，能力提升、动机激励和机会提供通过 AMO 理论假设可以测量高绩效人力资源管理系统。

利用验证性因子分析高绩效人力资源管理的三个捆绑因素的效度与作为整体变量的效度。首先，根据捆绑后的能力提升、动机激励、机会提供三个一阶因素作为验证性因子进行分析。能力提升由甄选员工、密集培训来测量，因为仅有两个构念，所以不足以构成一阶因素，所以利用 SPSS18.0 分别做两个构念的因素分析，把两个构念的 8 个题项整合为 4 个观察变量；动机激励由内部晋升、雇佣安全、以结果为导向的评估、激励性奖励来测量，以每个构念的题项加权平均得到观察值；机会提供由 4 个题项测量，所以直接以 4 个题项作为观察值（见图 4-1）。然后，把能力提升、动机激励和机会提供作为二阶变量，再次进行模型适配度比较，来证明能力提升、动机激励、机会提供作为一阶变量的模型适配度更高，表示高绩效人力资源系统由能力提升、动机激励、机会提供构成的有效性。

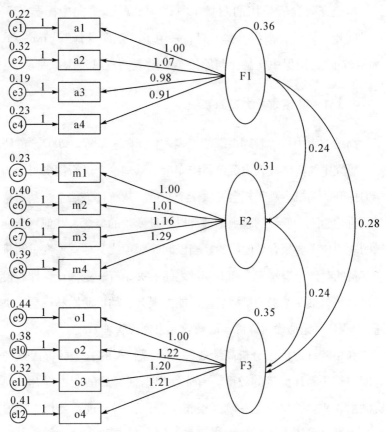

图 4-1　高绩效人力资源管理系统的 3 个因素验证性因子分析

图 4-1 中的 F1 表示能力提升、F2 表示动机激励、F3 表示机

会提供，a1、a2、a3、a4 分别表示根据甄选员工和密集培训整合过的 4 个能力提升的观察变量，m1、m2、m3、m4 分别表示内部晋升、雇佣安全、以结果为导向的评估、激励性奖励 4 个构念的题项加权平均值，o1、o2、o3、o4 表示员工参与的 4 个题项值。能力提升、动机激励、机会提供 3 个一阶变量的比较适配指数可以接受（$x^2 = 152.7$，$df = 51$，$RMSEA = 0.09$，$CFI = 0.93$，$TLI = 0.91$）。当把能力提升、动机激励、机会提供作为二阶变量验证性因素分析时，显示不出指针结果。所以，3 个一阶变量的模型适配度结果较好，能力提升、动机激励、机会提供能够代表高绩效人力资源系统的概念。下面分别就能力提升、动机激励、机会提供信度和效度进行分析。

4.3.2　能力提升

能力提升作为变量，有两个构面，分别是甄选员工和密集培训。甄选员工由 4 个题项测量，包括企业投入很大的精力用于筛选正确的员工、企业注重员工的长期发展潜力、企业注重员工甄选的过程、企业投入很大的精力于甄选员工上。密集培训由 4 个题项测量，包括企业为与顾客直接接触或处于一线岗位的员工提供广泛的培训课程、与顾客直接接触的员工每隔几年就会接受一次正规培训课程、企业为新进员工提供有助于他们胜任岗位的正规化培训、企业为员工提供正规的培训课程提升其技能以增加其在组织中的晋升机会。这 8 个题项得出信度检验结果，8 个题项可以一致地反映能力提升的概念（8 个题项，$\alpha = 0.85$）。因为验证性因素分析包括一阶与二阶，黄芳铭（2006）建议：一个二阶验证性模式能否获得识别，建构二阶因素的一阶因素至少需要 3 个。所以本研究将甄选员工和密集培训题项按照各构面，根据

SPSS18.0进行因子分析的结果，前后整合为4个二阶因素。本研究将这4个二阶因素作为观察变量，来检验能力提升作为潜变量的聚合效度。从图4-1中可以看出，能力提升因素结构能够很好地拟合数据样本，模型适配度结果很好，观测变量对潜在变量的解释程度较大（$\chi^2 = 3.81$，df = 2，RMSEA = 0.04，CFI = 0.99，TLI = 0.99）。因此，4个观察变量能够很好地反映能力提升。

4.3.3 动机激励

动机激励作为变量，来自于高绩效人力资源系统的4个构面，分别是内部晋升、雇佣安全、以结果为导向的评估、激励性奖励。内部晋升由5个题项测量，包括员工很少有机会向上流动（反向问题）、员工在组织中看不到未来（反向问题）、组织中晋升建立在资历深浅的基础之上、员工在组织中有较为清晰的职业发展路径、相较其他员工与顾客接触且渴望晋升的员工更有机会获得晋升。雇佣安全由两个题项测量，包括员工想在企业待多久就多久、员工的工作安全得到保障。以结果为导向的评估由3个题项测量，包括企业通过客观的量化指标来衡量绩效、企业对员工的绩效评估建立在客观的量化指标之上、企业对员工的绩效评估侧重于员工长期的以团队为基础达成的工作成效方面。激励性奖励由两个题项测量，包括员工的奖金是建立在组织利润的基础之上的；企业要不系紧"裤腰"，要不按照个体或团队的绩效支付员工奖金。这12个题项得出信度检验结果，可以一致地反映能力提升的概念（12个题项，$\alpha = 0.88$）。因为有4个构念测量动机激励，超过至少需要3个一阶因素构建二阶因素的原则（黄芳铭，2006），所以本研究将内部晋升、雇佣安全、以结果为导向的评估、激励性奖励作为4个一阶变量，作为观察变量构建动机

高绩效人力资源系统对安全公民行为的作用机制研究

激励二阶变量,来检验动机激励作为潜变量的聚合效度。从图 4-1 可以看出,能力提升因素结构能够很好地拟合数据样本,模型适配度结果很好,观测变量对潜在变量的解释程度较大(x^2 = 5.67,df = 2,RMSEA = 0.09,CFI = 0.96,TLI = 0.9),因此,4 个观察变量能够很好地反映动机激励。

4.3.4 机会提供

机会提供作为变量,来自于员工参与构面,由 4 个题项测量,包括员工经常被主管叫去参与决策的制定、员工被允许做出决策、员工有机会对各事项的工作方法提出改进意见、主管能就工作与员工敞开交流与沟通。这 4 个题项得出信度检验结果,可以一致地反映机会提供的概念(4 个题项,α = 0.82)。因为有 4 个题项测量机会提供,满足至少需要 3 个一阶因素构建二阶因素的原则(黄芳铭,2006),所以本研究 4 个题项作为 4 个一阶变量,用来观察变量构建二阶变量的机会提供,来检验机会提供作为潜变量的聚合效度。从图 4-1 可以看出,机会提供因素结构能够很好地拟合数据样本,模型适配度结果很好(x^2 = 5.49,df = 2,RMSEA = 0.09,CFI = 0.97,TLI = 0.91),观测变量对潜在变量的解释程度较大,因此,4 个观察变量能够很好地反映机会提供。

4.3.5 安全价值观

安全价值观量表采用特皮克和巴雷(2002)的量表,从安全方面出发,包括 5 个题项:管理层给予安全管理事务在公司管理中以优先地位;管理层重视安全管理政策和措施对企业绩效的促进作用;管理层在安全管理方面投入相当的资金;管理层重视安全管理胜过其他方面的管理；管理层注重做好安全方面的表率，测量安全价值观的概念。得出信度检验结果，5 个题项可以一致地反映安全价值观的概念（5 个题项，$\alpha = 0.84$）。本研究将安全价值观量表拥有的 5 个题项作为观察变量，来检验安全价值观作为潜变量的聚合效度。安全价值观因素结构能够很好地拟合数据样本，模型适配度结果很好，观测变量对潜在变量的解释程度较大（$\chi^2 = 14.5$，$df = 5$，$RMSEA = 0.07$，$CFI = 0.98$，$TLI = 0.97$），因此，5 个题项能够很好地反映安全价值观。

4.3.6　安全知识

安全知识变量，来自于塔希拉和布鲁贝克（2001）开发的量表，包括 3 个题项：如果不确定如何安全地完成任务，知道向谁求救；如果觉得有需要，会提出额外的安全培训需求；知道如何安全完成自己的任务。这 3 个题项得出信度检验结果，可以一致地反应安全知识的概念（3 个题项，$\alpha = 0.79$）。因为有 3 个题项测量安全知识，满足至少需要 3 个一阶因素构建二阶因素的原则（黄芳铭，2006），所以本研究 3 个题项作为 3 个观察变量，来检验安全知识作为潜变量的聚合效度。安全知识因素结构能够很好地拟合数据样本，模型适配度结果很好，观测变量对潜在变量的解释程度较大（$\chi^2 = 5.83$，$df = 2$，$RMSEA = 0.09$，$CFI = 0.95$，$TLI = 0.9$），因此，3 个观察变量能够很好地反映安全知识。

4.3.7　安全动机

安全动机变量，来自于尼尔和格里芬（2006）开发的量表，包括 3 个题项：认为努力维持或改进个体安全是值得的；认为无时无刻保持安全意识是必要的；认为降低工作场所出意外和事故是重要的。这 3 个题项得出信度检验结果，可以一致地反应安全动机的概念（3 个题项，$\alpha = 0.78$）。因为有 3 个题项测量安全动机，满足至少需要 3 个一阶因素构建二阶因素的原则（黄芳铭，2006），所以本研究 3 个题项作为 3 个观察变量，来检验安全动机作为潜变量的聚合效度。安全动机因素结构能够很好地拟合数据样本，模型适配度结果很好，观测变量对潜在变量的解释程度较大（$\chi^2 = 4.82$，$df = 2$，$RMSEA = 0.08$，$CFI = 0.97$，$TLI = 0.93$），因此，3 个观察变量能够很好地反映安全动机。

4.3.8　安全参与

安全参与变量采用了克拉克和卡蒂（2006）开发的量表，题目共计 7 项：参与有关健康和安全方面的目标设定和/或计划改进的工作；参与讨论健康和安全系统的有效性；参与健康和安全的风险评估；参与健康和安全审计；主动承担有助于提高安全生产的任务和活动；认为自己有责任参与安全措施方面的活动；在组织中，即使主管不在员工也能安全作业。在较好实践人力资源管理实践的企业，主管允许或者鼓励员工参与决策的制定，并敞开沟通，为员工提供表达与工作相关的改进措施或意见的机会。这 7 个题项得出的信度检验结果，可以一致地反映安全参与的概念（7 个题项，$\alpha = 0.82$）。因为有 7 个题项测量安全动机，利用 SPSS18.0 进行因素分析，根据 7 个题项排列前后相加，得到整合后的 3 个观察变量，满足至少需要 3 个一阶因素构建二阶因素的原则（黄芳铭，2006），所以本研究用 3 个观察变量，来检验安全参与作为潜变量的聚合效度。安全动机因素结构能够很好地拟合数据样本，模型适配度结果很好，观测变量对潜在变量的解释程度较大（$\chi^2 = 5.3$，$df = 2$，$RMSEA = 0.07$，$CFI = 0.93$，$TLI =$

0.9），因此，3 个观察变量能够很好地反映安全参与。

4.3.9 安全氛围

安全氛围变量采用了佐哈尔和卢里亚（2005）开发的量表，探讨组织与员工安全氛围的程度，由 3 个构念构成：积极性的实践（Active Practices），包括监控、坚守安全规章；前瞻性的实践（Proactive Practice），包括推广学习及发展；申报性的实践（Declarative Practice），包括向员工声明及报告有关安全的数据与讯息，共计 16 个题项。这 16 个题项得出信度检验结果，可以一致地反应安全氛围的概念（16 个题项，$\alpha = 0.93$）。因为有 3 个构念测量安全氛围，满足至少需要 3 个一阶因素构建二阶因素的原则（黄芳铭，2006），所以本研究用 3 个观察变量，来检验安全氛围作为潜变量的聚合效度。安全公民行为因素结构能够很好地拟合数据样本，模型适配度结果很好，观测变量对潜在变量的解释程度较大（$\chi^2 = 3.95$，df = 2，RMSEA = 0.09，CFI = 0.98，TLI = 0.95），因此，3 个观察变量能够很好地反映安全氛围。

4.3.10 安全公民行为

安全公民行为变量采用了戴维和弗雷德里克（2003）开发的量表，由 6 个构面共 27 个题项构成：帮扶、意见、管家事宜、告知、公民美德、发起与安全相关的变革。这 27 个题项得出信度检验结果，可以一致地反映安全公民行为的概念（27 个题项，$\alpha = 0.92$）。因为有 6 个构念测量安全公民行为，利用 SPSS18.0 对 6 个构念进行因素分析，先把每个构念的题项加权平均得到 6 个构念值，再根据因素分析得到的 6 个构念排列前后相加，得到整合后的 3 个观察变量，满足至少需要 3 个一阶因素构建二阶因素的原则（黄芳铭，2006），所以本研究用 3 个观察变量，来检验安全公民行为作为潜变量的聚合效度。安全公民行为因素结构能够很好地拟合数据样本，模型适配度结果很好，观测变量对潜在变量的解释程度较大（$x^2 = 4.04$，$df = 2$，$RMSEA = 0.09$，$CFI = 0.96$，$TLI = 0.94$），因此，3 个观察变量能够很好地反映安全公民行为。

4.3.11 控制变量

本研究样本的控制变量来源于员工的基本信息，包括员工的性别（男 = 0，女 = 1）、员工年龄、教育程度、婚姻状况、工龄时长。

4.4 数据分析方法

对研究假设的检验，分为两个部分：运用 AMOS 工具，检验安全知识、安全动机和安全参与在能力提升、动机激励、机会提供与安全公民行为关系中起的中介作用；运用 SPSS 检验安全价值观对高绩效人力资源系统的三构面（能力提升、动机激励和机会提供）的影响作用，以及安全氛围在高绩效人力资源系统的三构面（能力提升、动机激励、机会提供）和安全公民行为关系中的调节作用。

5 研究结果

本章对问卷调查资料进行统计分析结果检验，运用相关性分析验证变量之间的关联性，利用验证性因素分析以及结构方程模型检验安全知识、安全动机和安全参与的中介作用，利用回归分析验证安全价值观的前置影响和安全氛围的调节作用。

5.1 相关性分析

本研究采用珀森相关分析来对研究资料进行分析，相关性不等于因果性，相关性的元素之间需要存在一定的联系或者概率才可以进行相关性分析。具体探讨本研究安全价值观、能力提升、动机激励、机会提供、安全知识、安全动机、安全参与、安全公民行为和安全氛围以及控制变量之间的相关系数，以考察各研究变量之间的相互关系，为下一步继续深入分析研究变量之间的相互作用打下基础（见表5-1）。

表 5-1

相关性分析结果

	1	2	3	4	5	6	7	8	9	10	11	12	13	14
1 性别	1													
2 年龄	-0.03	1												
3 教育	-0.09	-0.02	1											
4 婚否	0.14**	0.57**	-0.07	1										
5 工龄	-0.06	0.28**	0.00	0.26**	1									
6 安全价值观	-0.03	0.01	0.08	-0.03	-0.11*	1								
7 能力提升	0.01	-0.03	0.12*	-0.05	-0.16**	0.65**	1							
8 动机激励	0.04	-0.06	0.09	-0.01	-0.10**	0.63**	0.61**	1						
9 机会提供	-0.01	0.00	0.11**	-0.01	-0.06	0.64**	0.66**	0.61**	1					
10 安全知识	0.02	0.00	0.02	-0.01	-0.06	0.50**	0.42**	0.40**	0.40**	1				
11 安全动机	-0.00	-0.06	0.06	-0.11*	-0.04	0.40**	0.31**	0.36**	0.23**	0.34**	1			
12 安全参与	-0.02	0.01	0.06	-0.02	-0.15**	0.68**	0.73**	0.62**	0.59**	0.54**	0.34**	1		
13 安全氛围	-0.01	0.05	0.09	-0.00	-0.03	0.13**	0.19*	0.23**	0.13**	0.25**	0.06	0.24**	1	
14 安全公民行为	0.02	0.01	0.07	-0.02	-0.12*	0.92**	0.70**	0.67**	0.67**	0.54**	0.41**	0.74**	0.20**	1

注: * $p < 0.05$, ** $p < 0.01$

为了验证研究模型中各变量之间的关系是否存在，从而证明研究模型的成立，需要对各变量作出相关性的分析。显示员工数据（性别、年龄、学历、婚姻、在企业的工龄、与主管共事的年期）、能力提升、动机激励、机会提供、安全知识、安全动机、安全参与、安全公民行为、安全价值观和安全氛围之间的相关性分析结果。结果各变量之间显示安全价值观与高绩效人力资源系统三构面即能力提升、动机激励、机会提供（$r=0.65$，$r=0.63$，$r=0.64$，所有 $p<0.01$）成正相关。能力提升、动机激励、机会提供分别与安全知识（$r=0.42$，$p<0.01$，$r=0.40$，$p<0.01$，$r=0.40$，$p<0.01$）、安全动机（$r=0.31$，$r=0.36$，$r=0.23$），安全参与（$r=0.73$，$r=0.62$，$r=0.59$）、安全公民行为（$r=0.70$，$r=0.67$，$r=0.67$）成正相关。安全公民行为与安全知识（$r=0.54$）、安全动机（$r=0.41$）、安全参与（$r=0.74$）、安全氛围均成正相关，全部 p 值小于 0.01。

5.2 结构方程模型

对相关变量进行相关性分析之后，进一步采用结构方程模型（Structural Equation Modeling，SEM）来对本研究的模型和假设进行验证。结构方程模式是一种处理因果模式的统计分析研究方法，它不仅能够描述现象，还能够建构一个理论模型，并分析模式中变量间的关系。尽管回归分析虽然能够探讨变量之间的相互关系，但是它局限于单纯考虑引述和因素之间的关系，并没有同时考虑到其他相关变量对其的影响以及整体模型内部所有变量之间的综合影响关系。而结构方程模型则综合了两种形态的模式，即测量模式（Measurement Model）和结构模式（Structural Model）。结构方程是基于假设模型，通过比较拟合协方差矩阵与观察协方差矩阵，当二者差距减少时，则说明假设模型与原始数据也趋于接近。因此，研究拟透过 AMOS18.0 来验证各项假设，并观察所建构的模型是否获得支持。判定指标依然为卡方检验和适配度指标。

5.2.1 验证性因子分析

本研究采用安德森和格宾（1988）的两个步骤来检验假设模型。本研究中需要检测的模型有 7 个变量：能力提升、动机激励、机会提供、安全知识、安全动机、安全参与、安全公民行为。第一步，需要先确定是否 7 个变量在这个模型中是最合适的，用验证性因子分析，根据比较适配指数（CFI）、非规准适配指数（TLI）、渐进残差均方和平方根（RMSEA）、卡方/自由度（χ^2/df）指标来确定是否合适。本研究将假设模型与三种变量聚合模型进行比较。

第一种聚合，将能力提升、动机激励和机会提供三个变量聚合，因为三个变量的题项均来自于高绩效人力资源管理的量表，出于同一概念。

第二种聚合，能力提升与安全知识聚合、动机激励与安全动机聚合、机会提供与安全参与聚合。因为在第三章的假设推理中，能力提升影响安全知识、动机激励影响安全动机、机会提供影响安全参与。模型假设中能力提升箭头指向安全知识，动机激励箭头指向安全动机，机会提供箭头指向安全参与，根据 AMO 理论，高绩效人力资源管理分别对安全能力、安全动机、安全参与产生影响，能力提升、动机激励和机会提供也来源于高绩效人力资源管理，所以把能力提升和安全知识聚合、动机激励和安全动机聚合，机会提供与安全参与聚合。

第三种聚合，假设模型中的结果变量是安全公民行为，能力提升、动机激励、机会提供作为前置变量通过安全知识、安全动机和安全参与中介作用，对安全公民行为产生正向影响。所以把这6个变量聚合，比较三种变量聚合模型的检测指针拟合程度。

表5-2　　　　　　　　　模型验证性因子分析比较

	聚合方式	χ^2	df	$\Delta\chi^2$	RMSEA	CFI	TLI
7个因素	假设模型一	660.2	226		0.07	0.91	0.90
5个因素	能力提升+动机激励+机会提供	1109.6	237	427.4***	0.09	0.84	0.81
4个因素	能力提升+安全知识 动机激励+安全动机 机会提供+安全参与	1142.4	241	460.2***	0.09	0.83	0.81
2个因素	能力提升+安全知识+动机激励+安全动机+机会提供+安全参与	1663.39	247	981.19***	0.120	0.74	0.71

注：* $p<0.05$，** $p<0.01$，*** $p<0.001$

由表5-2所示，7个因素的假设模型一验证性因子分析，拟合度很好（$\chi^2=660.2$，df=226，RMSEA=0.07，CFI=0.91，TLI=0.90）。第一种聚合因素，5个因素模型拟合度较之假设模型一，没有更优指标（$\chi^2=1109.6$，df=237，$\Delta\chi^2=427.4$，RMSEA=0.09，CFI=0.84，TLI=0.81）。第二种聚合因素，4个因素模型拟合度与假设模型一相比，验证性因子分析指标未达到最优（$\chi^2=1142.4$，df=241，$\Delta\chi^2=460.2$，RMSEA=0.09，CFI=0.83，TLI=0.81）。第三种聚合因素，2个因素模型的拟合度较之假设模型一没有更优指标（$\chi^2=1663.39$，df=247，$\Delta\chi^2=981.19$，RMSEA=0.12，CFI=0.74，TLI=0.71）。比较四种因素的验证性

因子分析结果，发现假设模型一的拟合程度最好，而且聚合变量越多，模型变量因素越少，拟合程度越低，所以，7 个因素的假设模型一拟合度最高。

5.2.2 结构模型假设检验

本研究根据高绩效人力资源管理的构念和 AMO 理论的影响，得出人力资源管理通过影响员工的能力、动机和参与来实现企业绩效。然而，有观点指出，员工感知的知识/行为（perceived colleagues' knowledge/behavior）和动机以及参与对企业绩效产生的作用并不是一样的。知识需要通过员工动机实现安全绩效，而员工参与也能增强员工的动机。也就是说，在高绩效人力资源系统作为整体变量的情况下，它所影响的员工知识技能和给予员工参与的机会是通过提高员工的动机来实现企业绩效的。所以，本研究将高绩效人力资源系统分为能力提升、动机激励、机会提供三个观测变量，推论能力提升、动机激励和机会提供对安全知识、安全动机和安全参与不一定一一对应。技能水平可以影响安全动机从而对员工安全行为产生影响。所以能力提升可能会在影响安全知识的同时影响安全动机，把能力提升箭头同时指向安全动机，作为比较模型 A。员工参与安全相关活动如加入车间安全委员会、参与安全报告或消除工作过程中的安全隐患可以提高其安全动机（阿克隆等，2008），所以机会提供可能在影响安全参与的同时影响安全动机，把机会提供箭头同时指向安全动机，作为比较模型 B。在高绩效人力资源管理作为整体变量的情况下，它所影响的员工知识技能和给予员工参与的机会是通过提高员工的动机来实现企业绩效的，安全动机有可能同时受能力提升、动机激励和机会提供影响，所以把比较模型 A 和比较模型 B 合并成为比较模型 C。因此，本研究将假设模型（见图 5-1）与比较模型 A（见图 5-2）、比较模型 B（见图 5-3）、比较模型 C（见图 5-4）进行验证性因子分析。

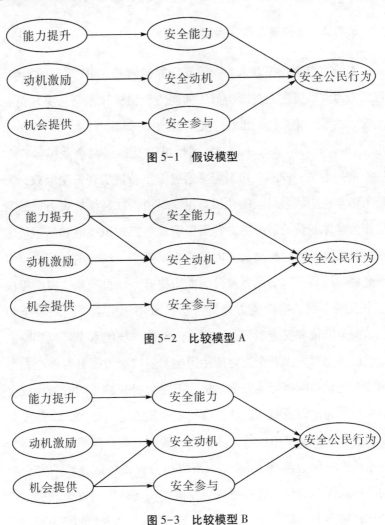

图 5-1　假设模型

图 5-2　比较模型 A

图 5-3　比较模型 B

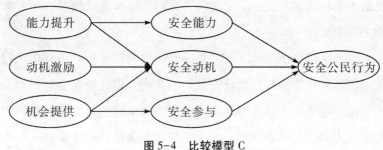

图 5-4　比较模型 C

得到假设模型与比较模型 A、比较模型 B、比较模型 C 的拟合指数 TLI、CFI、RMSEA、χ^2/df、$\Delta\chi^2$（见表 5-3）。

表 5-3　　　　　　　　模型验证性因子分析

	χ^2	df	$\Delta\chi^2$	RMSEA	CFI	TLI	χ^2/df
假设模型一	618.2	232		0.07	0.92	0.90	2.66
比较模型 A	700.9	231	82.7***	0.07	0.92	0.89	3.03
比较模型 B	699.64	231	81.44***	0.07	0.92	0.89	3.03
比较模型 C	728.29	230	110.99**	0.07	0.91	0.89	3.17

注：* $p<0.05$，** $p<0.01$，*** $p<0.001$

通过比较发现后假设模型一的拟合度程度很高（$\chi^2=618.2$，df＝232，RMSEA＝0.07，CFI＝0.92，TLI＝0.90，$\chi^2/df=2.66$）。比较模型 A 的拟合度程度没有假设模型一高（$\chi^2=700.9$，df＝231，$\Delta\chi^2=82.7$，RMSEA＝0.07，CFI＝0.92，TLI＝0.89，χ^2/df＝3.03）。比较模型 B 的拟合度程度也没有假设模型一高（$\chi^2=699.64$，df＝231，$\Delta\chi^2=81.44$，RMSEA＝0.07，CFI＝0.92，TLI＝0.89，$\chi^2/df=3.03$）。比较模型 C 的拟合度程度同样没有假设模型一高（$\chi^2=728.29$，df＝230，$\Delta\chi^2=110.99$，RMSEA＝0.07，CFI＝0.91，TLI＝0.89，$\chi^2/df=3.17$）。所以，3 个比较模型拟合指针均没有假设模型一拟合指针高，也就是说能力提升对安全动

机的影响和机会提供对安全动机的影响都没有假设模型一中的影响关系明显。

综上所述，通过 AMOS18.0 的验证性因子分析，得到假设模型一的拟合程度很高，假设安全知识在能力提升对安全公民行为的正向影响中起中介作用；安全动机在动机激励对安全公民行为的正向影响中起中介作用；安全参与在机会提供对安全公民行为的正向影响中起中介作用。经过验证，假设成立。

5.3　回归分析

本研究采用 SPSS18.0 线性回归，分析以下两个问题：（1）安全价值观与高绩效人力资源系统；（2）对安全氛围的调节作用进行分析。

5.3.1　安全价值观与高绩效人力资源系统

组织价值观是组织文化研究的一个重要角度。组织文化研究的其中的一条路径是个人与组织匹配（person‐organization fit）（查特曼，1989；施耐德，1987）。个人和组织价值观匹配的研究核心关注的是个人人格特质、信仰、价值观与组织文化、组织规范和组织价值观一致的程度，以及对员工与组织的效能的重要影响（赖利等，1991；凯布尔和贾奇，1997；克里斯托夫等，2002）。在安全价值观组织里，在招聘中会以安全责任心和安全价值观为重要标准选拔，员工就很容易接受组织的价值观。认同了组织的安全价值观，才有可能珍视组织为员工提供的一切安全保障，才会承认结果为导向的评估和激励性的奖励。员工看重组织提供的安全参与机会，才会积极配合组织提高安全管理的绩效。利用 SPSS18.0 验证三种假设关系：安全价值观对能力提升、动机激励和机会提供的正向影响。

表 5-4　　　　回归分析安全价值观前置影响关系

	假设一	假设二	假设三
	能力提升	动机激励	机会提供
变数	β	β	β
控制			
性别	0.03	0.05	0.02
年龄	-0.01	-0.09	-0.01
教育	0.07[+]	0.05	0.06
婚否	-0.00	0.06	0.01
工龄	-0.08*	-0.02	0.02
自变量			
安全价值观	0.64***	0.62***	0.64***
ΔR^2	0.40**	0.40**	0.40**

注：[+]$p<0.07$，* $p<0.05$，** $p<0.01$，*** $p<0.001$

表 5-4 显示，假设一依据标准化后的回归系数 β 来判断，本假设影响系数 β 为 0.64，$p<0.001$，所以样本的回归分析支持假设；假设二影响系数 β 为 0.62，$p<0.001$，所以样本的回归分析支持假设；假设三影响系数 β 为 0.64，$p<0.001$。回归分析支持假设 1，2，3。

5.3.2　安全氛围的调节作用

安全氛围在能力提升、动机激励和机会提供对安全公民行为影响起调节作用。

表 5-5　　　　　　　　　　　　安全氛围的调节作用

自变量：	因变数：安全公民行为	
	β	ΔR^2
性别	−0.02	
年龄	0.11	
教育	0.07	
婚否	−0.06	
工龄	−0.01	
ΔR^2		0.01
能力提升	0.15[+]	
动机激励	0.20[**]	
机会提供	−0.18[*]	
ΔR^2		0.06[***]
安全氛围	0.18[*]	
ΔR^2		0.00
能力提升 * 安全氛围	0.24[*]	
动机激励 * 安全氛围	0.21[+]	
机会提供 * 安全氛围	−0.24[*]	
ΔR^2		0.06[***]

注：[+] $p<0.07$，[*] $p<0.05$，[**] $p<0.01$，[***] $p<0.001$

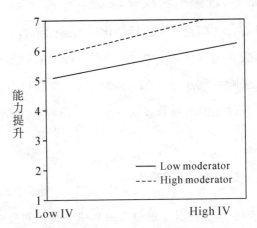

图 5-5　能力提升对安全公民行为关系的调节作用

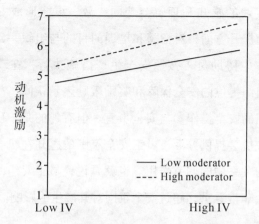

图 5-6　动机激励对安全公民行为关系的调节作用

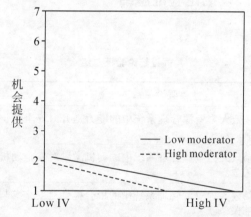

图 5-7　机会提供对安全公民行为关系的调节作用

如上述图表所示，假设十一 a 成立，依据依据标准化后的回归系数 β 和 ΔR^2 变化来判断，均呈显著性（$\beta = 0.24$，$p < 0.01$）；假设十一 b 成立，样本的回归分析支持假设（$\beta = 0.21$，$p < 0.01$）；假设十一 c 不成立（$\beta = -0.24$，$p < 0.01$），高强度的安全氛围比低强度的安全氛围，对机会提供和安全公民行为关系调节呈更强的负相关。结果表明，随着安全氛围的增强，员工对人力

资源管理实践的感知和理解会趋同一致，更能形成安全公民行为。在能力提升方面，对招聘和培训的目的与组织一致，就容易在生产操作中协助员工按照安全生产措施执行；在动机激励方面，对于组织提供的安全保障和奖励激励表示认同，就愿意主动监督新员工的安全操作参与安全事宜。但有趣的是，研究结果并没有证明在机会提供方面，员工安全氛围的感知在机会提供和安全公民行为关系中的调节作用。也就是说，员工对组织提供的安全学习机会非常看重，超过安全氛围对其产生的影响。

5.4 假设结论验证总结

表 5-6 假设结论验证总结

假设关系	检验结果
假设一：高绩效人力资源管理系统中的能力提升对安全知识产生正向影响。	支持
假设二：高绩效人力资源管理系统中的动机激励对安全动机呈正向影响关系。	支持
假设三：高绩效人力资源管理系统中的机会提供对安全参与形呈正向影响关系。	支持
假设四：高绩效人力资源管理系统中的能力提升对安全公民行为呈正向影响关系。	支持
假设五：高绩效人力资源管理系统中的动机激励对安全公民行为呈正向影响。	支持
假设六：高绩效人力资源管理系统中的机会提供对安全公民行为呈正向影响。	支持
假设七：安全知识对高绩效人力资源管理系统中的能力提升和安全公民行为的关系起中介作用。	支持
假设八：安全动机对高绩效人力资源管理系统中的动机激励和安全公民行为的关系起中介作用。	支持

表5-6(续)

假设关系	检验结果
假设九：安全参与对高绩效人力资源管理系统中的机会提供和安全公民行为的关系起中介作用。	支持
假设十 a：安全价值观对高绩效人力资源管理系统中的能力提升呈正向影响关系。	支持
假设十 b：安全价值观对高绩效人力资源管理系统中的动机激励呈正向影响关系。	支持
假设十 c：安全价值观对高绩效人力资源管理系统中的机会提供呈正向影响关系。	支持
假设十一 a：安全氛围对高绩效人力资源管理系统中的能力提升和安全公民行为关系起调节作用，安全氛围越强，高绩效人力资源管理系统中的能力提升和安全公民行为的影响关系越显著。	支持
假设十一 b：安全氛围对高绩效人力资源管理系统中的动机激励和安全公民行为关系起调节作用，安全氛围越强，高绩效人力资源管理系统中的动机激励和安全公民行为的影响关系越显著。	支持
假设十一 c：安全氛围对高绩效人力资源管理系统中的机会提供和安全公民行为关系起调节作用，安全氛围越强，高绩效人力资源管理系统中的机会提供和安全公民行为的影响关系越显著。	不支持

6 结论与展望

本研究探讨高绩效人力资源系统如何提高企业的安全管理，提升安全绩效的提高。本书研究分析高绩效人力资源系统的影响因素，以及对安全公民行为的影响机制。这包括：（1）高层管理者的安全价值观对高绩效人力资源系统的形成；（2）高绩效人力资源系统通过员工的安全知识、安全动机和安全投入，对安全公民行为的作用；（3）安全氛围对人力资源管理系统和安全公民行为关系的调节作用。本章节阐述研究的结论，包括对理论和实践的贡献意义、研究不足和未来研究趋势。

6.1 高绩效人力资源系统的形成机制

本研究验证了组织高层安全价值观对高绩效人力资源系统的正相关影响关系。符合贝尔和劳勒（2000）的观点，人力资源管理系统的形成是由管理价值观决定的，高承诺的人力资源管理实践与企业哲学和价值观紧密相连，特别强调员工作为竞争优势的重要性，高层管理者将价值观灌输在组织决策和工作系统当中，形成匹配的人力资源管理实践。根据奥斯特罗夫和鲍恩（2000）的观点，公司采用高参与、灵活、激励和发展的人力资源管理实践就是高参与和高承诺的人力资源管理战略，而实践操作的效果和形成的人力资本价值，主要依靠组织高层管理者对高参与和高承诺的人力资源管理战略的重视和支持。在本研究中，安全管理需要高层管理者对安全给予足够的重视（佐哈尔和卢里亚，2010），当高层管理者具备安全价值观，员工会感知到组织对安全的重视。在实施安全管理中，培训员工的安全技能，在人员招聘过程中，需要根据组织的价值观来寻找用人的人格特质、信仰、价值观与组织的文化、策略要求、规范与价值之间一致的程度。这样可以帮助组织招聘到与组织目标、价值观、组织文化等相匹配的员工。激励员工安全操作，在安全激励措施中，员工认同了安全价值观，才有可能被激励；相反，员工不认为安全是最重要的生产因素，那么关于安全方面的激励对其不起作用，也不会形成安全行为。提供员工参与安全管理的机会，员工看重组织提供的安全参与机会，积极配合组织提高安全管理的绩效，从而减少改造的成本。员工对高层管理者安全价值观有相同的感知，才会对人力资源管理系统中员工技能、动机激励和机会提供三个方面的系统实践形成感知。所以要形成高绩效的人力资源管理系统，组织的高层必须对安全给予充分的重视，具备安全价值观。

6.2 高绩效人力资源系统对安全公民行为的直接影响关系

本研究验证了高绩效人力资源系统对安全公民行为的积极影响。根据社会交换理论，高质量的领导成员交换能够促进下属对安全相关问题的沟通，提高对安全的承诺，激发下属扩展他们角色之外的工作行为，从而做出更多的安全公民行为（霍夫曼、摩根森和吉拉，2003）。虽然理论没有分别指出管理中的要素对安全公民行为的影响，但在本研究中，将高绩效人力资源系统进行了捆绑分析，研究发现能力提升、动机激励和机会提供三个捆绑的管理实践分别对安全公民行为起到积极的影响。

当员工感知到组织通过培训和公平的选拔机制、提升员工的安全技能、为员工提供常规和新技术的培训都可以看作是组织对员工的投入，员工感觉到组织对自身的重视和培训的投入就会主动回报组织。员工会用学到的知识和提高的技能主动帮助其他同事，发挥职责要求外的作用。

从为员工提供清晰的职业发展路径和安全保障，用量化的衡量指标评估业绩，到以个人和团队为单位的奖励机制，可以较全面地体现激励对员工的诱因，即组织的物质投入和发展性投入都为较高的水平，会影响员工的贡献，使员工愿意主动帮助团队的其他成员，提醒或阻止团队成员或同事在业务操作上的过失行为。

社会交换理论的文献分析中将员工参与决策和授权作为组织投入的重要内容（布劳恩等，2000）。机会提供从提倡员工参与决策，主管主动与员工沟通听取员工意见入手，使员工意识到组织愿意员工参与到安全管理中来，员工就会表现出愿意参加强制或非强制的会议，主动提出安全相关的变革性建议。

所以，高绩效人力资源系统的捆绑分析，更加深入细化地通过不同纬度对安全公民行为的影响，得出了组织制定工作实践的框架体系，为全面提高员工的安全公民行为提供了参考。

6.3　高绩效人力资源系统对安全公民行为的间接影响

根据 AMO 理论，本研究提出了"黑箱"中的三个变量：安全知识、安全动机和安全参与。根据聚类分析，将高绩效人力资源管理系统中的能力提升、动机激励和机会提供三个捆绑，分别对安全知识、安全动机和安全参与的影响关系进行验证，得到高绩效人力资源管理系统的能力提升、动机激励和机会提供三个捆绑分别通过安全知识、安全动机和安全参与这三个中介变量对安全公民行为产生积极影响。

因为之前的研究提出，员工参与安全相关活动如加入车间安全委员会、参与安全报告或消除工作过程中的安全隐患可以提高其安全动机（亚克松和哈迪库斯曼，2008），所以机会提供在可能会影响安全参与的同时还会影响安全动机。在高绩效人力资源管理作为整体变量的情况下，它所影响的员工知识技能和给予员工参与的机会是通过提高员工的动机来实现企业绩效的，安全动机有可能同时被能力提升、动机激励和机会提供影响。所以本研究同时验证了高绩效人力资源管理系统中的能力提升、动机激励和机会提供三个捆绑对安全动机中介变量是否产生积极影响。结果发现，虽然有影响，但是并不比能力提升、动机激励和机会提供三个捆绑分别对安全知识、安全动机和安全参与产生的影响显著。

验证结果说明，根据人力资源管理对企业绩效的影响隐含着的三种理论，即最佳实践观点、权变观点和结构主义观点（德利尔和多提，1996），为了遵守安全程序，个人需要了解如何安全地进行工作以及掌握进行安全工作的技能。因为"安全参与行为活动"需要更加普通形式的"知识和技能"，瓦格纳和斯坦伯格（1985）将其称为"内隐知识"。积极、正向的人力资源管理实践活动，将激发员工做出更多超越安全守则规定，并且做出对组织的安全管理有所帮助的安全行为。较好的人力资源管理实践活动能够增进员工外显的安全知识和内隐的安全知识的获取，能够对安全行为的产生进行较好的激励，能够激发员工进行安全参与的热情。

安全公民行为是员工根据组织投入和自己感知情况选择的结果，员工选择行为方式不可避免地要受到自身内在因素的影响，即受到自身安全知识和安全动机的影响。根据期望-效价理论（普罗布斯特和布鲁贝克，2001），如果行为导致结果的可能性越强，而且该结果对个体的价值越大，那么做出这一行为的动机就越强。通过高绩效人力资源管理系统的奖励和激励措施，使员工认为维持和改进安全是值得的，从而愿意主动协助安全事宜的履行并积极建议安全有效措施。

当员工对工作任务充满兴趣时，组织提供适合的机会，会促进员工主动参与安全行为；如果员工认为自己的工作很重要、机会很难得，会增加安全遵守和安全参与行为。通过高绩效人力资源管理系统对员工提供机会，促使员工可能参与风险评估，有机会参与安全制度的制定工作，从而更加愿意也更具资格监督员工确保安全操作并时刻提醒同事遵守操作程序等安全公民行为。

本研究结果不认同亚克松和哈迪库斯曼等人的观点，他们认为员工的技能和主动性的参与都要通过动机才能实现绩效。本研究认为即使员工的动机被高水平的管理实践激励影响，但是当员工并不具备业务知识和技能时是没有办法完成工作任务的，更不可能形成角色外的安全公民行为。同样，当员工有相当大的积极性去完成绩效，但是组织没有提供适合的平台和机会，员工的积极性没有发挥的空间，也无法实现绩效的提高。因此，在高绩效人力资源管理体系中，强调技能、动机和机会的重要性，通过管理实践使员工得到技能提升、动机激励并拥有机会，员工才可能利用知识在合适的位置上积极地完成工作，履行安全公民行为。

6.4　安全氛围的调节作用

根据行为—结果的期望，安全氛围影响安全行为的内在机制已经被普遍接受（佐哈尔，2003）。安全氛围对员工感知的人力资源管理实践与安全公民行为的影响关系起调节作用。本研究的结果表明，随着安全氛围的增强，员工对人力资源管理实践的感知和理解会趋同一致，才更能形成安全公民行为。员工对人力资源管理认同和理解，在能力提升方面，对招聘和培训的目的与组织一致，就容易在生产操作中协助员工按照安全生产措施执行，产生安全公民行为；在动机激励方面，对于组织提供的安全保障和奖励激励表示认同，就愿意主动监督新员工的安全操作，并且积极鼓励同事参与安全事宜。

但有趣的是，研究结果并没有证明在高绩效人力资源管理系统的机会提供方面，员工安全氛围的感知在机会提供和安全公民行为关系中的调节作用。也就是说，员工对组织提供的安全会议和安全学习机会认为非常必要，并积极利用机会学习参与安全管理，并不受安全氛围的影响。但是结果也证明，机会提供对安全公民行为的积极影响作用是显著的。所以本研究认为，组织为员工提供的机会，足够吸引员工积极参与到安全管理中来，员工拥有机会，就会提出安全改进模式，确保安全生产。即使员工感觉到安全氛围并不如意，因为拥有机会参与管理，所以仍然会尝试协助同事、遵守安全生产措施、纠正错误通告组织等。

6.5 研究贡献

本研究探讨并实证分析了高绩效人力资源系统对安全公民行为的作用机制。在实践方面，提高安全绩效的管理措施，对解决中国面临的安全事故问题具有借鉴意义。

第一，正如高绩效人力资源系统可以改善企业财务绩效一样，高绩效工作系统也可以提高企业的安全绩效。这种观点，是在把安全当成一种绩效变量的基础上成立的，正如生产率、利润、销售、质量控制和客户投诉作为绩效变量一样（格里菲思，1985；基维迈基、卡里莫和萨米宁，1995）。本研究确定安全领域的组织绩效指针，成功企业绩效的设定往往超越财务指标，是一种独特的绩效标准，所以确定安全公民行为作为安全绩效中个人安全行为的指标是非常重要的（普费弗，1998）。在本研究中，预测高绩效人力资源管理系统会影响个人安全行为，而且这种影响会随着员工感知到组织安全氛围的提高而更加明显。根据角色期望，安全公民行为作为个体安全行为有关安全角色的定义是本研究的主题。

第二，本研究分析了在安全管理领域中高绩效人力资源系统理论是如何发挥作用的，针对"黑箱"问题，深入验证了高绩效人力资源管理系统对安全公民行为的影响机制。根据 AMO 理论，分别把员工能力、员工激励、员工机会应用在组织安全领域，员工能力对应变量为安全能力，员工激励对应变量为安全动机，员工机会对应变量为安全参与，找到了"黑箱"中的三个中介变量，并且对管理实践中的维度进行捆绑聚类分析，进一步证明员工能力的提升影响了安全能力、员工的动机影响了安全动机、员工机会影响了安全参与。揭示了安全管理领域的"黑箱"。同时对如何产生高绩效人力资源管理给出了答案，通过组织安全价值观的影响，形成有效的人力资源管理实践从而影响安全行为。高绩效人力资源管理系统的各维度捆绑对 AMO 理论进行了进一步解释，完善了 AMO 理论的影响机制，在不同领域的人力资源管理实践中具有指导意义。

第三，从高绩效人力资源系统的形成因素分析，资源导向和控制导向的人力资源管理从不同纬度构成最佳实践（班伯格和麦休拉姆，2000），所以引用孙等（2007）开发的 8 个维度最佳实践量表，以战略人力资源管理理论分析了如何形成高绩效人力资源管理系统。本研究提出了高层管理者安全价值观对工作系统的影响，阐述了高层安全价值观如何对工作实践中的员工能力提升、动机激励和机会提供产生影响，说明只有组织的高层管理人员意识到安全的重要性，才有可能形成有效的人力资源管理实践。

第四，在安全氛围的调节方面，不仅验证了安全氛围对高绩效人力资源管理系统与安全公民行为关系的影响，还深入分析了高绩效人力资源管理系统中的能力提升、动机激励和机会提供三个捆绑分别与安全公民行为关系的调节作用，特别指出不成立的假设关系，对机会提供和安全公民行为的关系不产生调节作用，说明了组织为员工提供合适机会的重要性。

6.6 理论的实践意义

本研究主要利用了 AMO 理论和社会交换理论，用社会交换理论提出了安全公民行为结果变量，用 AMO 理论分析了高绩效人力资源管理系统对安全公民行为的作用机制。通过对高绩效人力资源管理系统的聚类分析，以及安全知识、安全动机和安全参与三个中介变量的提出，揭示了在安全管理领域的"黑箱"，并解释了高绩效工作系统的各维度对中介变量的影响作用，完善了 AMO 理论框架体系。

利用战略人力资源管理理论，提出了高绩效人力资源管理系统的形成机制。在安全管理领域，高层管理人员的安全价值观直接影响组织政策的制定和执行。虽然不是本研究的创新点，但是在安全管理研究中，提出了安全的源头来自于组织高层的意识形态和价值体系。

对于安全管理实践的意义，从高绩效人力资源管理体系中，运用了孙等（2007）开发的资源导向和控制导向并存的量表，是工作实践很好的借鉴。分别从甄选员工、密集培训、内部晋升、雇佣安全、以结果为导向的评估、激励性奖励、员工参与几个方面进行了分析。

选择员工是关键，员工是企业各项安全生产指标的直接落实责任者，工作在现场管理的最前沿，肩负着指挥、控制安全生产的重任。因此，员工素质的高低直接影响着安全管理，这就要求员工应该具备多方面的条件，主要体现在这些方面：有较高的文化水平、较宽的知识面、较强的专业技能、较好的组织协调能力，还要有一定的领导决策能力，政治素质和涵养更是不可或缺的。必须重视和加强对员工的安全教育工作，经常性地进行单位内部安全教育和派出去接受正规专业的安全教育，不断提升员工的政治思想和安全生产技能。通过培训，使员工具有对危险因素的预知预防能力。提高员工的安全意识和技术素质，落实安全操作规范和岗位责任制，进行岗位安全教育。

安全激励措施需要人本化与制度化相结合。人是最重要的、第一位的资源，也是最需要尊重、理解和激励的。制度化是激励性组织的基础，也是保障安全的基础。此外，仅有科学的制度和先进的技术是远远不够的，激励员工的工作积极性、安全警惕性和协作性往往依靠激励主体本身即高层管理者的现场出现来调动实现，要建立安全激励性组织，就必须既设计合理的安全行为规范和奖惩制度，又要领导者和管理者率先垂范，身体力行地贯彻执行。将满足需要与引导需要相结合，掌握并满足员工的需要是调动其积极性的着力点。一味地满足激励客体的需要，将会带来管理工作的被动和激励工作的偏差。组织在满足员工需要的同时，还要运用教育和同化措施来引导需要，通过向员工灌输符合社会需要和组织需要的价值观，并使组织的安全价值观内化于组织中。组织向员工灌输价值观，为员工提供明确的职业生涯规划和物质奖励与惩罚体系，既能引发员工的安全行为，又能限制其不安全行为。

领导推动与全员参与相结合，领导推动和亲自力行对安全生产具有重要意义。安全目标的制定与实现有赖于全体员工的积极参与，全员参与的重要作用就是有步骤地推进现代化管理方法和现代化管理措施。

6.7 研究的不足和未来发展方向

尽管本研究在实证研究中取得了一些具有理论及实践意义的重要结论，但作为初步探索性研究，仍存在许多方面的不足，值得进一步探索，概括起来主要有以下四个方面：

第一，本研究中对人力资源管理与绩效间关系的研究，采取的是横切面研究范式，其实二者之间可能存在反向的因果关系，这需要纵向研究加以解决。鲍威和理查森（1997）提出了一些反向因果关系的例子，如相对于低盈利的企业而言，高盈利企业对人力资源管理的投入意愿更为强烈；处于经济危机中的企业倾向于少招聘新员工，限制培训和开发费用。横切面研究范式不能排除反向因果关系的存在（哈托克等，2004）。所以，有没有可能高安全公民行为的员工会对高绩效人力资源系统特别敏感，对于组织安全管理产生高认同和高感知，有待进一步的研究。

第二，本研究利用结构方程建模，只能处理同一层面数据，对多层数据的处理显得无能为力。所以，本研究中的高层安全价值观、高绩效人力资源管理系统和安全氛围都处于员工的感知层面，员工的感知与组织层面是有区别的，组织背景因素会影响人力资源组合策略对组织气氛的关系模式，但由于所搜集的样本量较为有限，无法将具体的影响模式表现出来。多层线性模型可以同时处理多层数据问题，可以显现上一层面因素对下一层面因素之间关系的作用方式。其实这二者都有一定的优势，也都具有一定的局限性，以后的研究中应注意结合发挥两种分析技术的优势。

第三，本研究中的数据样本仅仅来源于珠海一家世界 500 强制造业企业，数据都具有嵌套特征，被试个体嵌套于企业，而企业嵌套于某个行业，企业层面的因素会影响个体层面变量之间的关系模式。所以，未来的研究需要调查中国其他地区的企业和其他行业如服务业等企业。本研究仅仅研究了个体与组织层面、组织与行业层面变量之间的关系模式，虽达成了预期的要求，但今后应注意搜集更多不同行业的高风险组织的样本，同时整合三个层面变量之间的关系，这样才能得到一个更为全面的关系模式。

第四，本研究的实践意义是完善安全管理，在选择样本企业的过程中，考虑过安全生产隐患出现最多的行业，比如煤矿、建筑行业等。但是研究者对这两个行业的企业资料的准确性没有把握，因为从业人员的教育水平和上班机制，非常影响问卷收发的效果。制造型企业是由人工流水完成生产，企业高层非常重视安全生产，员工由于不安全生产导致的事故也时有发生。鉴于制造型企业员工的教育水平和上班机制比较符合问卷的收发程序，所以研究者选择了制造型企业作为数据收集样本。在未来的研究中，应设计出符合煤矿业和建筑业员工的数据收集方法，使安全生产管理在高危行业中更加凸显实践意义，解决安全管理出现的问题。

6.8　总结

本研究主要探讨了以下问题：（1）高层的安全价值观对高绩效人力资源系统的作用；（2）高绩效人力资源系统对安全公民行为的作用机制；（3）安全知识、安全动机和安全参与在高绩效人力资源系统和安全公民行为的中介作用；（4）安全氛围的调节作用；（5）高绩效人力资源系统按照聚类分析，分为能力提升、动机激励和机会提供三个捆绑。研究表明，高层安全价值观对高绩效人力资源管理系统中的能力提升、动机激励和机会提供产生正向影响关系；高绩效人力资源管理系统中的能力提升、动机激励和机会提供都对安全公民行为产生积极影响；能力提升通过安全知识对安全公民行为发生作用，动机激励通过安全动机对安全公民行为发生作用，机会提供通过安全参与对安全公民行为发生作用；安全氛围对能力提升和安全公民行为的影响关系起调节作用，对动机激励和安全公民行为的关系都起调节作用，对机会提供和安全公民行为的关系不起调节作用。所以，员工安全公民行为受机会的影响程度较高，组织和高层管理者需要具备安全价值观，建立高绩效人力资源管理系统，特别是为员工提供参与管理的机会，增强安全公民行为。

附　录

调查问卷表 1

I. 下述是一个组织在人员管理中可能会运用的人力资源措施。请就每一项，指出您是否同意在贵企业员工管理中运用人力资源措施的描述。在下列相应的数字上画圈。

1=非常不同意，2=不同意，3=不能确定，4=同意，5=非常同意

（1）	为选到合适人员付出很大努力。	1	2	3	4	5
（2）	选拔录用时强调员工的长期潜能。	1	2	3	4	5
（3）	对录用过程相当重视。	1	2	3	4	5
（4）	大力做好选拔录用工作。	1	2	3	4	5
（5）	向前线员工提供广泛的培训计划。	1	2	3	4	5
（6）	前线员工每过几年就要经过培训。	1	2	3	4	5
（7）	有正式的培训计划，向新聘人员传授完成工作所需的技能。	1	2	3	4	5
（8）	向员工提供正式的培训计划以增加其提升机会。	1	2	3	4	5
（9）	员工有很多机会升迁。	1	2	3	4	5
（10）	员工在公司内很有发展前途。	1	2	3	4	5
（11）	员工的升迁不是仅仅基于资历。	1	2	3	4	5
（12）	员工在公司内有清晰的职业发展道路。	1	2	3	4	5
（13）	渴望升迁的员工有不止一个可以晋升的空缺位置。	1	2	3	4	5
（14）	员工只要愿意，就可以留在公司内。	1	2	3	4	5
（15）	员工的职业安全几乎总是可以得到保证。	1	2	3	4	5
（16）	岗位职责有清晰的界定。	1	2	3	4	5

表1(续)

I. 下述是一个组织在人员管理中可能会运用的人力资源措施。请就每一项，指出您是否同意在贵企业员工管理中运用人力资源措施的描述。在下列相应的数字上画圈。
1＝非常不同意，2＝不同意，3＝不能确定，4＝同意，5＝非常同意

(17)	岗位描述不断更新。	1	2	3	4	5
(18)	岗位描述包括员工所有的职责。	1	2	3	4	5
(19)	业绩常用客观的、量化的结果衡量。	1	2	3	4	5
(20)	业绩评估基于客观的、量化的结果。	1	2	3	4	5
(21)	员工的工作评估强调长期性及团队成绩。	1	2	3	4	5
(22)	个人奖金与公司利润挂钩。	1	2	3	4	5
(23)	工资与个人（或团队）的业绩表现挂钩。	1	2	3	4	5
(24)	主管经常让员工参与决策。	1	2	3	4	5
(25)	员工获许参与许多决策。	1	2	3	4	5
(26)	员工有机会建议改进工作方式。	1	2	3	4	5
(27)	主管与员工进行公开交流。	1	2	3	4	5

II. 下述是衡量组织安全氛围中可能涉及的项目。请就每一项，指出您是否同意在贵企业/工厂管理层运用措施的描述。在下列相应的数字上画圈。
1＝非常不同意，2＝不同意，3＝不能确定，4＝同意，5＝非常同意

(1)	在得到安全风险报告时能迅速反应并解决问题。	1	2	3	4	5
(2)	坚持全面的惯例性安全审核和视察。	1	2	3	4	5
(3)	经常尝试在每个部门提高安全水准。	1	2	3	4	5
(4)	提供安全工作所必需的全部设备。	1	2	3	4	5
(5)	工作进度落后于计划时仍然坚持安全为先原则。	1	2	3	4	5
(6)	即便花费巨大，也会快速矫正一切安全风险。	1	2	3	4	5
(7)	向员工报告具体安全数据，例如受伤、准事故等。	1	2	3	4	5
(8)	提升员工时把个人的安全行为考虑在内。	1	2	3	4	5
(9)	要求经理们在本部门内改善安全质量。	1	2	3	4	5

表1(续)

II. 下述是衡量组织安全氛围中可能涉及的项目。请就每一项，指出您是否同意在贵企业/工厂管理层运用措施的描述。在下列相应的数字上画圈。
1＝非常不同意，2＝不同意，3＝不能确定，4＝同意，5＝非常同意

(10)	在员工安全培训方面投入大量时间和费用。	1	2	3	4	5
(11)	运用可利用的信息完善现有安全条例。	1	2	3	4	5
(12)	倾听员工关于提高工作安全的建议。	1	2	3	4	5
(13)	设置生产速度及制定生产计划时同时考虑安全因素。	1	2	3	4	5
(14)	向员工提供大量关于安全工作的信息。	1	2	3	4	5
(15)	经常性举办安全警示活动，如演讲、典礼。	1	2	3	4	5
(16)	赋予安全人员在工作中作为的权力。	1	2	3	4	5

III. 下述是描述安全动机的内容。请就每一项，根据您自己的实际，实事求是地指出这方面的现状。在下列相应的数字上画圈。
1＝非常不同意，2＝不同意，3＝不能确定，4＝同意，5＝非常同意

(1)	我认为值得在维护或提高自己的个人安全方面下功夫。	1	2	3	4	5
(2)	我认为安全维护永远是重要的。	1	2	3	4	5
(3)	我坚信减少工作场所发生事故或意外的隐患很重要。	1	2	3	4	5

IV. 下述是描述安全知识的内容。请就每一项，根据您自己的实际，实事求是地指出这方面的现状。在下列相应的数字上画圈。
1＝非常不同意，2＝不同意，3＝不能确定，4＝同意，5＝非常同意

(1)	当我不确定如何安全操作任务时，我知道该向谁询问。	1	2	3	4	5
(2)	如果我认为需要，可以随时要求额外的安全培训。	1	2	3	4	5
(3)	我知道安全的方法完成我的工作任务。	1	2	3	4	5

V. 以下句子描述员工安全参与程度。请指出你多大程度上认同或者不认同，用这些句子描述你和你现在的企业的关系。在下列相应的数字上画圈。

1=非常不同意，2=不同意，3=不能决定，4=同意，5=非常同意

(1)	我参与有关健康和安全方面的目标设定和/或计划改进的工作。	1	2	3	4	5
(2)	我参与讨论健康和安全系统的有效性。	1	2	3	4	5
(3)	我参与健康和安全的风险评估。	1	2	3	4	5
(4)	我参与健康和安全审计。	1	2	3	4	5
(5)	我主动承担有助于提高安全生产的任务和活动。	1	2	3	4	5
(6)	我认为自己有责任参与安全措施方面的活动。	1	2	3	4	5
(7)	在组织中，即使主管不在员工也能安全作业。	1	2	3	4	5

VI. 下列说法描述公司管理层如何看待其安全生产、安全管理影响。请就每一项，指出您是否同意这一说法代表企业管理中的观念。在下列相应的数字上画圈。

1=非常不同意，2=不同意，3=不能确定，4=同意，5=非常同意

(1)	管理层给予安全管理事务在公司中以优先地位。	1	2	3	4	5
(2)	管理层重视安全管理政策和措施对企业绩效的促进作用。	1	2	3	4	5
(3)	管理层在安全管理方面投入相当的资金。	1	2	3	4	5
(4)	管理层重视安全管理胜过其他方面的管理。	1	2	3	4	5
(5)	管理层注重做好安全方面的表率。	1	2	3	4	5

您的性别： 男_____ 女_____

您的年龄：_____（周岁）

1. 18~20，2. 20~25，3. 25~30，4. 30~35，5. 35~40

您的学历：_____（年）（如：1. 初中 9 年，2. 高中 12 年，3. 大专 15 年，4. 大学 16 年，5. 研究生 19 年或以上）

您的婚姻状况：单身_____ 已婚_____

您在企业的工龄：_____年

您与主管共事的时间：_____年

一般地说，您每周为您的企业工作多少小时？_____ 小时

在过去的半年里，您在工作中受过多少次某种工伤（严重程度不限）？_____（次）（包括上报和未上报的）。

在过去的半年里，您在工作时几乎快要受到某种工伤（实际上没出现）的频率（在数字上打"√"）：

1. 从未，2. 偶尔，3. 有时，4. 通常，5. 非常频繁

填答须知

首先，在您的直接下属中任意选出 8 位（下属一、二、三、四、五、六、七、八），并把他们的资料填在下面。您的主管编号是 A。

下属一 编号：_____性别：_____男 _____女；
年龄：_____；职务：_____

下属二 编号：_____性别：_____男 _____女；
年龄：_____；职务：_____

下属三 编号：_____性别：_____男 _____女；
年龄：_____；职务：_____

下属四 编号：_____性别：_____男 _____女；
年龄：_____；职务：_____

下属五 编号：_____性别：_____男 _____女；
年龄：_____；职务：_____

下属六 编号：_____性别：_____男 _____女；
年龄：_____；职务：_____

下属七 编号：_____性别：_____男 _____女；
年龄：_____；职务：_____

下属八 编号：_____性别：_____男 _____女；
年龄：_____；职务：_____

		下属一	下属二	下属三	下属四	下属五	下属六	下属七	下属八

I. 在一个组织里，员工在工作中会表现出一定的安全行为。就每一项，指出符合您下属情况的描述。请在下列每一个框内填上符合该下属情况的数字。

1＝完全不可能，2＝不可能，3＝有可能，4＝非常可能，5＝完全可能

		下属一	下属二	下属三	下属四	下属五	下属六	下属七	下属八
(1)	自愿做一些有助于提高工作场所安全的工作。	□	□	□	□	□	□	□	□
(2)	帮助部门新同事了解安全操作规定。	□	□	□	□	□	□	□	□
(3)	帮助部门同事进行安全生产、操作。	□	□	□	□	□	□	□	□
(4)	帮助部门同事学会安全工作的好做法。	□	□	□	□	□	□	□	□
(5)	帮助部门同事学习安全工作实践。	□	□	□	□	□	□	□	□
(6)	帮助部门同事解决与安全相关的责任。	□	□	□	□	□	□	□	□
(7)	对工作任务提出安全方面的建议。	□	□	□	□	□	□	□	□
(8)	鼓励部门同事参与安全方面的活动。	□	□	□	□	□	□	□	□
(9)	即使别人有异议，也会提出安全方面的意见。	□	□	□	□	□	□	□	□
(10)	对仍在计划阶段的工作，提出安全方面的关注。	□	□	□	□	□	□	□	□
(11)	保护部门同事免遭危险。	□	□	□	□	□	□	□	□
(12)	努力照顾部门同事的安全。	□	□	□	□	□	□	□	□
(13)	采取措施保护部门同事免遭危险处境。	□	□	□	□	□	□	□	□
(14)	努力避免部门同事工作中受伤。	□	□	□	□	□	□	□	□
(15)	采取措施阻止违反安全规定以保护部门同事的健康。	□	□	□	□	□	□	□	□
(16)	向部门同事解释，如果违反安全行为会给予上报。	□	□	□	□	□	□	□	□
(17)	告诉部门同事要执行安全工作程序。	□	□	□	□	□	□	□	□
(18)	监督部门新同事以确保他们安全操作。	□	□	□	□	□	□	□	□
(19)	对于违反安全程序者给予上报。	□	□	□	□	□	□	□	□
(20)	告知部门新同事企业不会容忍违反安全程序者。	□	□	□	□	□	□	□	□

I. 在一个组织里，员工在工作中会表现出一定的安全行为。就每一项，指出符合您下属情况的描述。请在下列每一个框内填上符合该下属情况的数字。									
1=完全不可能，2=不可能，3=有可能，4=非常可能，5=完全可能									
		下属一	下属二	下属三	下属四	下属五	下属六	下属七	下属八
(21)	参加安全会议。	□	□	□	□	□	□	□	□
(22)	参加非强制性安全方面的会议。	□	□	□	□	□	□	□	□
(23)	始终了解安全政策和程序。	□	□	□	□	□	□	□	□
(24)	努力改进安全程序。	□	□	□	□	□	□	□	□
(25)	努力改进工作方式使工作更安全。	□	□	□	□	□	□	□	□
(26)	努力改进政策和程序以确保工作更安全。	□	□	□	□	□	□	□	□
(27)	提出建议以提升安全。	□	□	□	□	□	□	□	□

IV. 请填写一些个人背景资料。这主要是确保您所提供的与参与问卷调查的下属提供的情况能对上号。

您的性别：男_____女_____

您的年龄：_____（周岁）

您的学历：_____（年）（如：初中9年、高中12年、大专15年、大学16年、研究生19年或以上）

您的婚姻状况：单身_____已婚_____其他_____

您在单位的工龄：_____年

您的下属共有：_____人

参考文献

1. ALGE BRADLEY, BALLINGER J, TANGIRALA GARY A, SUBRAHMANIAM, OAKLEY JAMES L. Information privacy in organizations: empowering creative and extrarole performance [J]. Journal of Applied Psychology, 2006, 91 (1): 221-232.

2. ALOTAIBI A G. Antecedents of organizational citizenship behavior: a study of public personnel in kuwait [J]. Public Personnel Management, 2001, 30 (3): 363-375.

3. ALPER S W, RUSSELL E M. What policies and practices characterize the most effective human resource department [J]. Personnel Administrator, 1984, 29 (11): 120-125.

4. ANDREW NEAL, MARK A GRIFFIN. A study of the lagged relationships among safety climate, safety motivation, safety behavior, and accidents at the individual and group levels [J]. Journal of Applied Psychology, 2006, 91 (4): 946-953.

5. ANTHEA ZACHARATOS, JULIAN BARLING, RODERICK D IVERSON. High-performance work systems and occupational safety [J]. Journal of Applied Psychology, 2005, 90 (1): 77-93.

6. APPELBAUM E, BAILEY T, BERG P, KALLEBERG A L. Manufacturing advantage: why high performance work system pay off

［M］. Ithaca: Cornell University Press, 1993.

7. ARTHUR J B. The link between business strategy and industrial relations systems in American steel mini-mills ［J］. Industrial and Labor Relations Review, 1992, 45: 488-506.

8. ARTHUR J B. Effects of human resource systems on manufacturing performance and turnover ［J］. Academy of Management Journal, 1994, 37 (3): 670-687.

9. BAE JOHNGSEOK, LAWLER JOHN J. Organizational and HRM strategies in Korea: impact on firm performance in an emerging economy ［J］. Academy of Management Journal, 2000, 43 (3): 502-517.

10. BAIRD L, MESHOULAM I. Managing two fits of strategic human resource management ［J］. Academy of Management Review, 1998, 13: 116-128.

11. BAIRD L, MESHOULAM I, DE GIVE G. Meshing human resources planning with strategic business planning: a model approach ［J］. Personnel, 1983, 9/10: 14-25.

12. BAMBERGER, MESHOULAM. Human resource strategy ［C］. Newbury Park, CA: Sage, 2000.

13. BANDURA A. Social foundations of thought and action: a social cognitive theory ［M］. Englewood Cliffs, New Jersey: Prentice-Hal, 1986.

14. BARLING HUTCHINSON. Commitment vs. control-based safety practices, safety reputation, and perceived safety climate Canadian journal of administrative sciences ［J］. Canadian Journal of Administrative Sciences, 2000, 17 (1): 76-84.

15. BARLING, et al. Organizational injustice and psychological strain [J]. Canadian Journal of Behavioural Science, 2005, 37 (4): 250-261.

16. BARLING J, LONGHLI C, KELLOWAY K. Development and test of a model linking safety-specific transformational leadership and occupational safety [J]. Journal of Applied Psychology, 2002, 87 (3): 488-496.

17. BECKER HUSELID. Strategic human resource management at Praxair [J]. Human Resource Management, 1998, 38 (4).

18. BECKER B, GERHART B. The impact of human resource management on organizational performance: progress and prospects [J]. Academy of Management Journal, 1996, 39 (4): 779-801.

19. BECKER CLEMENS, HAUER KLAUS, LAMB SARAH. Systematic review of definitions and methods of measuring falls in randomised controlled fall prevention trials [J]. Age & Ageing, 2006, 35 (1): 5-10.

20. BERNARD H R. Social research methods: qualitative and quantitative : approaches [C]. Thousand Oaks, California: Sage 2000.

21. BEUS J M, BERGMAN M E, PAYNE S C. The influence of organizational tenure on safety climate strength: a first look [M]. Accident Analysis and Prevention, 2009.

22. BIRKMIRE J C, LAYB J R, MCMAHON M C. Keys to effective third-party process safety audits [J]. Journal of Hazardous Materials, 2007, 142 (3): 574-581.

23. BLACK J S, GREGERSEN H B. Participative decision-mak-

ing: an integration of multiple dimensions [J]. Human Relations, 1997, 50 (7): 859-878.

24. BLAU P. Exchange and power in social life [M]. New York: Wiley, 1964.

25. BOLINO MARK C. 1, TURNLEY WILLIAM H. 2. The personal costs of citizenship behavior: the relationship between individual initiative and role overload, job stress, and work-family conflict [J]. Journal of Applied Psychology, 2005, 90 (40): 740-748.

26. BORMAN W C, MOTOWIDLO S J. Expanding the criterion domain to include elements of contextual performance [M]. In N. Schmitt, Borman (Eds.), Personnel Selection in Organizations San Francisco: Jossey-Bass, 1993.

27. BOSELIE PAUL, DIETZ GRAHAM, BOON CORINE. Commonalities and contradictions in HRM and performance research [J]. Human Resource Management Journal, 2005, 15 (3): 67-94.

28. BOWEN DAVID, Lawler III EDWARD. Total quality-oriented Human Resources Management [J]. Organizational Dynamics, 1992, 20 (4): 29-41.

29. BOXALL P F. Strategic HRM: beginnings of a new theoretical sophistication [J]. Human Resource Management Journal, 1991, 2 (3): 60-79.

30. BRADLEY JILL C, BURKE MICHAEL J, CHRISTIAN MICHAEL S, WALLACE J CRAIG. Workplace safety: a meta-analysis of the roles of person and situation factors [J]. Journal of Applied Psychology, 2009, 94 (5): 1103-1127.

31. BROCKBANK W. If HR were strategically proactive: present

and future directions in HR's contribution to competitive advantage [J]. Human Resource Management, 1999, 38 (4): 337-352.

32. BROWN R L, HOLMES H. The use of a factor-analytic procedure for assessing the validity of an employee safety climate model [J]. Accident Analysis & Prevention, 1986, 18 (6): 455-470.

33. BURKE M J, SARPY S A, TESLUK P E, SMITH-CROWE K. General safety performance: a test of a grounded theoretical model [J]. Personnel Psychology, 2002, 55: 429-457.

34. BUTLER J E, FERRIS G R, NAPIER N. Strategy and Human Resources Management [M]. Cincinnati, Ohio: South-Western Publishing Co, 1991.

35. CACCIABUE P CARLO. Dynamic reliability and human factors for safety assessment of technological systems: a modern science rooted in the origin of mankind [J]. Cognition, Technology, Work, 2010, 12 (2): 119-131.

36. CAMERON I, DUFF R. Use of performance measurement and goal setting to improve construction managers' focus on health and safety [J]. Construction Management and Economics, 2007, 25 (8): 869-881.

37. CAMPBELL J P, MCCLOY R A, OPPLER S H, SAGER C E. A theory of performance [M]. Schmitt, Borman (Eds), Personnel Selection in Organizations. San Francisco: Jossey-Bass, 1993.

38. CAPPELLI, SHERER. The missing role of context in OB: the need for a meso-level approach [J]. Research in Organizational Behavior, 1991, 13: 55.

39. CARDAR B, RAGAN P W. A survey-based system for safety

measurement and improvement [J]. Journal of Safety Research, 2003, 34 (2): 157-165.

40. CHADWICK C, CAPPELLI P. Alternatives to generic strategy typologies in strategic HRM [M]. Wright Dyer P. Boudreau J, Milkovich (Eds), Strategic Human Resource Management in the Twenty-first Century, Supplement 4 to Ferris, G. R. Research in Personnel and HRM: 1-29. Stanford, CT: JAI Press, 1999.

41. CHENG - CHIA YANG, YI - SHUN WANG, SUE - TING CHANG, SUH-ER GUO , MEI-FEN HUANG. A study on the leadership behavior, safety culture, and safety performance of the healthcare industry [J]. Proceedings of Word Academy of Science, Engineering and Technology volume, 2009, 41: 1148-1155.

42. CHEW DAVID C E. Effective occupational safety activities: findings in three Asian developing countries [J]. International Labour Review, 1988, 127 (1): 111.

43. CHHOKAR J S, WALLIN J A. Improving safety through applied behavior analysis [J]. Journal of Safety Research, 1984, 15 (4): 141-151.

44. CHRISTIAN M S, WALLACE J C, BRADLEY J C, BURKE M J. Workplace safety: a meta-analysis of the roles of person and situation factors [J]. Journal of Applied Psychology, 2009, 94 (5): 1103-1127.

45. CIGULAROV K P, CHEN P Y, Rosecrance. The effects of error management climate and safety communication on safety: a multilevel study [J]. Accident Analysis & Prevention, 2010, 42 (5): 1498-1506.

46. CLARKE, SHARON, WARD, KATIE. The role of leader influence tactics and safety climate in engaging employees' safety participation [J]. Risk Analysis: An International Journal, 2006, 26 (5): 1175-1185.

47. CONCHIE S M, DONALD I J. The role of distrust in offshore safety performance [J]. Risk Analysis: An International Journal, 2006, 26 (5): 1151-1159.

48. COOPER D. Improving safety culture: a practical guide [M]. England: John Wiley & Sons, 1998.

49. COOPER M D. Towards a model of safety culture [J]. Safety Science, 2000, 36 (2): 111-136.

50. COOPER M D, PHILLIPS R A. Exploratory analysis of the safety climate and safety behavior relationship [J]. Journal of Safety Research, 2004, 35: 497-512.

51. COYLE-SHAPIRO JACKIE. The impact of a TQM intervention on teamwork: a longitudinal assessment [J]. Employee Relations, 1995, 17 (3): 63-74.

52. COYLET I R, SLEEMAN S D, ADAMS N. Safety climate analysis [J]. Journal of Safety Research, 1995, 15: 141-151.

53. DATTA DEEPAK K, GUTHRIE JAMES P, WRIGHT PATRICK M. Human resource management and labor productivity: does industry matter [J]. Academy of Management Journal, 2005, 48 (1): 135-145.

54. DAVENPORT T H, PRUSAK I. Working knowledge: how organizations manage what they know [M]. Boston Ma.: Harvard Business School Press, Cutcher-Gershenfeld, 1991.

55. DAVID A HOFMANN, FREDERICK P MORGESON, STEPHEN J GERRAS. Climate as a moderator of the relationship between leader-member exchange and content specific citizenship: Safety climate as an exemplar [J]. Journal of Applied Psychology, 2003, 88 (1): 170-178.

56. DEARMOND S, SMITH A E, WILSON C L, CHEN P Y, CIGULAROV K P. Individual safety performance in the construction industry: Development and validation of two short scales [J]. Accident Analysis & Prevention, 2011, 43 (3): 948-954.

57. DECI EDWARD. CONNELL JAMES, RYAN RICHARD . Self-determination in a work organization [J]. Journal of Applied Psychology, 1989, 74 (4): 580.

58. DEDOBBELEER N, BENLAND F. A safety climate measure for construction site [J]. Journal of Safety Research, 1991, 22: 97-103.

59. DEJOY D M, GERSHON R M, SCHAFFER B S. Safety climate: assessing management and organizational influences of safety [J]. Professional Safety, 2004, 49: 50-57.

60. DEJOY DAVID. Behavior change versus culture change: divergent approaches to managing workplace safety [J]. Safety Science, 2005, 43 (2): 105-129.

61. DELANEY J T, HUSELI M A. The impact of human resource management practices on perceptions of organizational performance [J]. Academy of Management Journal, 1996, 39: 949-969.

62. DELERY J T, DOTY D H. Modes of theorizing in strategic Human Resource Management: tests of universalistic, contingency,

and configurational performance predictions [J]. Academy of Management Journal, 1996, 39 (4): 802-835.

63. DENISON TIM. From the Guest Editor [J]. Journal of International Marketing, 1995, 3 (3): 4-6.

64. DIAZ R I, CABRERA D D. Safety climate and attitude as evaluation measures of organization safety [J]. Accident Analysis & Prevention, 1997, 29 (5): 643-650.

65. DIDLA SHAMA, MEARNS KATHRYN, FLIN RHONA. Safety citizenship behaviour: a proactive approach to risk management [J]. Journal of Risk Research, 2009, 12 (3/4): 475-483.

66. DONALD I, CANTER D. Attitudes to safety: psychological factors and the accident plateau [J]. Health and Safety Information Bulletin, 1993, 215: 5-8.

67. DOUGHTY RICHARD L, NEAL THOMAS E. Predicting incident energy to better manage the electric arc hazard on 600-V power distribution [J]. Transactions on Industry Application, 2000, 36 (1): 257.

68. Dov Zohar, Gil Luria. A multilevel model of safety climate: cross-level relationship between organization and group-level climates [J]. Journal of Applied Psychology, 2005, 90 (4): 616-628.

69. DOWNS D. Safety and environmental management system assessment: a tool for evaluating and improving, performance [J]. Professional Safety, 2003, 48 (11): 31-38.

70. DYER L, REEVES T. Human resource strategies and firm performance: what do we know and where we need to go [J]. International Journal of Human Resource Management, 1995, 6 (3): 656-670.

71. ERICKSON J A. Increasing safety performance by working within the organization: part two [J]. Consultants Practice Specialty Newsletter, 2001, 1 (1): 1-6.

72. EYLON DAFNA, BAMBERGER PETER. Empowerment cognitions and empowerment acts [J]. Group & Organization Management, 2000, 25 (4): 354.

73. FARH J L, EARLEY P C, LIN S C. Impetus for action: a cultural analysis of justice and organizational citizenship behavior in Chinese society [J]. Administration Science Quarterly, 1997, 42: 421-444.

74. FEATHER N T, RAUTER K A. Organizational citizenship behaviors in relation to job status, job insecurity, organization commitment and identification, job satisfaction and word values [J]. Journal of Occupational and Organizational Psychology, 2004, 77 (1): 81-94.

75. FITZGERALD M K. Safety performance improvement through culture change [J]. Process Safety Environmental Protection, 2005, 83 (4): 324-330.

76. FLIN R, MEARNS K, O' CONNOR P, BRYDEN R. Measuring safety climate identifying the common features [J]. Safety Science, 2000, 34: 177-192.

77. FRANKLIN E M. Injury rates don't tell the whole story [M]. Safety and Health National Safety Council, 1998.

78. GEEN R C. Human motivation: asocial psychological approach [M]. Pacific Grove, California: Brooks & Cole Publishing Company, 1995.

79. GELLER E S. Assessing and research: key principles and

practical strategies improve understanding [J]. Professional Safety, 2004, 49 (9): 22-29.

80. GERHART MILKOVICH. Organizational differences in managerial compensation and financial performance [J]. Academy of Management Journal, 1990, 33 (4): 663-691.

81. GERSHON R M, DARKASHIANC D, GROSCHJ W. Hospital safety climate and its relationship with safe work practices and workplace exposure incidents [J]. American Journal of Infection Control, 2000, 28: 211-221.

82. GLENDON A I, LITHERLAND D K. Safety climate factors, group differences, and safety behavior in road construction [J]. Safety Science, 2001, 39 (3): 157-188.

83. GRAHAM J W. An essay on organizational citizenship behavior [J]. Employee Right and Responsibilities Journal, 1991, 4 (4): 249-270.

84. GREENHAUS JEFFREY, BEUTELL NICHOLAS. Sources of conflict between work and family roles [J]. Academy of Management Review, 1985, 10 (1): 76-88.

85. GRIFFIN M A, NEAL A. Perceptions of safety at work: A framework for linking safety climate to safety performance, knowledge and motivation [J]. Journal of Occupational Health Psychology, 2000, 5: 347-358.

86. GRIFFIN MARK A, NEAL ANDREW, NEALE MATTHEW. The contribution of task performance and contextual performance to effectiveness: investigating the role of situational constraints [J]. Applied Psychology: An International Review, 2000, 49 (3).

87. GUANGTAO YU, YONGJUAN LI, FENG LI. Perceived colleagues' safety knowledge/behavior and safety performance: safety climate as a moderator in a multilevel study [J]. Accident Analysis &Prevention, 2010, 42 (5): 1468-1476.

88. GUEST DAVID E. Is the psychological contract worth taking seriously [J]. Journal of Organizational Behavior, 1998, 19 (7): 649-664.

89. GULDENMUND F W. The nature of safety culture: a review of theory and research [J]. Safety Science, 2000, 34: 215-257.

90. GULDENMUND FRANK W. The use of questionnaires in safety culture research—an evaluation [J]. Safety Science, 2007, 45 (6): 723-743.

91. GUNDRY LISA K, ROUSSEAU DENISE M. Critical incidents in communicating culture to newcomers: the meaning is the message [J]. Human Relations, 1994, 47 (9): 1063-1088.

92. HADIKUSUMO B H, W STEVE ROWLINSON. Capturing safety knowledge using design-for-safety-process tool [J]. Journal of Construction Engineering and Management, 2004, 3/4: 281-289.

93. HADIKUSUMO BONAVENTURA. Identification of important organisational factors influencing safety work behaviours in construction projects [J]. Journal of Civil Engineering & Management, 2011, 17 (4): 520-528.

94. HALE A R, GULDENMUND F, SWUSTE P. Are safety culture and safety performance related [M]. Proceeding of the International Conference on Occupational Risk Prevention, Spain, 2000.

95. HALLOWELL M R, CALHOUN M E. Interrelationships

among highly effective construction injury prevention strategies [J]. Journal of Construction Engineering, Management, 2011, 137 (11): 985-993.

96. HEINRICH H W. Industrial accident prevention [M]. New York: McGraw-Hill, 1959.

97. Herzberg F. Job attitude: research and opinion [M]. Pittsburgh, PA: Psychological Services of Pittsburgh, 1957.

98. HITT M A, BIERMAN L, SHIMIZU K, KOCHHAR R. Direct and moderating effects of human capital on strategy and performance in professional service firms: a resource-based perspective [J]. Academy of Management Journal, 2001, 44 (1): 13-28.

99. HOFMANN, STETZER. Risk compensation: implications for safety interventions organizational behavior [J]. Human Decision Processes, 1996, 66 (1): 73-88.

100. HOFMANN D A, JACOBS R, LANDY F. High reliability process industries: individual, micro and macro organizational influences on safety performance [J]. Journal of Safety Research, 1995, 26 (3): 131-149.

101. HOFSTEDE GEERT. A reply and comment on Joginder P Singh: managerial culture and work - related values in India [J]. Organization Studies (Walter de Gruyter GmbH & Co. KG.), 1990, 11 (1): 103-106.

102. HUANG Y H, BRUBAKER S A. Safety auditing: applying research methodology to validate a safety audit tool [J]. Professional Safety, 2006, 51 (1): 36-40.

103. HUANG Y H, SMITH G S, CHEN P Y. Safety climate and

self-reported injury: assessing the mediating role of employee safety control [J]. Accident Analysis and Prevention, 2006, 38: 425 - 433.

104. HUSELID M A. The impact of human resource management practices on turnover, productivity and corporate financial performance [J]. Academy of Management Journal, 1995, 38: 635-672.

105. ILIES REMUS, NAHRGANG JENNIFER D, MORGESON FREDERICK P. Leader-member exchange and citizenship behaviors: a meta-analysis [J]. Journal of Applied Psychology, 2007, 92 (1): 269-27.

106. INGALLS T S. Using scorecards to measure safety performance [J]. Professional Safety, 1999, 44 (12): 23-28.

107. JIANG L, YU G, LI Y, LI F. Perceived colleagues' safety knowledge/behavior and safety performance: safety climate as a moderator in a multilevel study [M]. Accident Analysis and Prevention, 2009.

108. KANJI G K. Performance measurement system [J]. Total Quality Management, 2002, 13 (5): 715-728.

109. KAPP E, ANDREW. Safety management: leadership alone is not enough [J]. Professional Safety, 2012, 57 (5): 10.

110. KAPP E A. The influence of supervisor leadership practices and perceived group safety climate on employee safety performance [J]. Safety Science, 2012, 50 (4): 1119-1124.

111. KEENAN EDITH. Six o'clock rebellion [J]. Saturday Evening Post , 1951, 223 (47): 46.

112. Kelloway E, Kevin, Mullen, Jane, Francis, Lori. Diver-

gent effects of transformational and passive leadership on employee safety [J]. Journal of Occupational Health Psychology, 2006, 11 (1): 76-86.

113. KIMBLE G A. Principles and practice of structural equation modeling [M]. New York: Guilford Press, 1980.

114. KIRKMAN BRADLEY, GIBSON CRISTINA, SHAPIRO DEBRA. "Exporting" teams: enhancing the implementation and effectiveness of work teams in global affiliates [J]. Organizational Dynamics, 2001, 30 (1): 12-29.

115. KONOVSKY MARY, PUGH S DOUGLAS. Citizenship behavior and social exchange [J]. Academy of Management Journal, 1994, 37 (3): 656-669.

116. KRISTOF AMY I. Person-organization fit: an integrative review of its conceptualizations, measurement and implications [J]. Personnel Psychology, 1996, 49 (1) : 1-49.

117. LADO AUGUSTINE A, WILSON MARY C. Human resource systems and sustained competitive advantage: a competency-based perspective [J]. Academy of Management Review, 1994, 19 (4): 699-727.

118. LAKA-MATHEBULA M R. Modeling the relationship between organizational commitment, leadership style, human resources management practices and organizational trust [M]. University of Pretoria, South Africa, 2004.

119. LEENA P, SIRPA R, HEIKKI S. Factors influencing the use of cellular (mobile) phone during driving and hazards while using it [J]. Accident Analysis&Prevention, 2005, 37 (1): 47-51.

120. LEPAK D P, SNELL S A. Examining the human resource architecture: The relationships among human capital, employment, and human resource configurations [J]. Journal of Management, 2002, 28 (4): 517-543.

121. LINDER R C, Sparrowe R T, Wayne S J. Leader-member exchange theory: the past and potential for the future [J]. Personnel and Human Resource Management, 1997, 15: 47-119.

122. LINGARD H. The effect of first aid training on Australian construction workers' occupational health and safety knowledge and motivation to avoid work-related injury or illness [J]. Construction Management & Economics, 2002, 20 (3): 263-273.

123. LIU YONGMEI, COMBS JAMES G, KETCHEN DAVID J, IRELAND R DUANE. The value of Human Resource Management for organizational performance [J]. Business Horizons , 2007, 50 (6): 503-511.

124. LI - YUN SUN, SAMUEL ARYEE, KENNETH S LAW. High-performance human resource practices, citizenship behavior, and organizational performance: a relational perspective [J]. Academy of Management Journal, 2007, 50 (3): 558-577.

125. LI - YUNSUN, ARYEE, SAMUEL, LAW, KENNETH. High-performance human resource practices, citizenship behavior and organizational performance: a relational perspective [J]. Academy of Management Journal, 2007, 50 (3): 558-577.

126. LOCHE E A, SCHWEIGER D W. Participation in decision-making: one more look [J]. Research in Organizational Behavior, 1979, 1: 265-339.

127. LU CHIN-SHAN, YANG CHUNG-SHAN. Safety climate and safety behavior in the passenger ferry context [J]. Accident Analysis&Prevention, 2011, 43 (1): 329-341.

128. LUNDY O. From personnel management to strategic human management [J]. The International Journal of Human Resource Management, 1994, 5 (3): 687-720.

129. LURIA, GIL, ZOHAR, DOV, EREV, IDO. The effect of workers' visibility on effectiveness of intervention programs: supervisory -based safety interventions [J]. Journal of Safety Research, 2008, 39 (3): 273-280.

130. MACDUFFIE J P. Human resource bundles and manufacturing performance: organizational logic and flexible productions systems in the world auto industry [J]. Academy of Management Journal, 1995, 48 (2): 197-221.

131. MACKY, KEITH, BOXALL, PETER. The relationship between 'high-performance work practices' and employee attitudes: an investigation of additive and interaction effects [J]. International Journal of Human Resource Management, 2007, 18 (4): 537-567.

132. MANZELLA J C. Measuring safety performance of achieve long-term improvement [J]. Professional Safety, 1999, 44 (9): 33-36.

133. MCDONALD N, CORRIGAN S, DALY C, CROMIE S. Safety management systems and safety culture in aircraft maintenance organizations [J]. Safety Science, 2000, 34: 151-176.

134. MEARNS K J, FLIN R. Assessing the state of organizational safety culture or climate [J]. Current Psychology, 1999, 18 (1): 5-

17.

135. MEARNS K, WHITAKER S M, FLIN R. Safety climate, safety management practice, and safety performance in offshore environments [J]. Safety Science, 2003, 4 (1): 641-680.

136. MILES, RAYMOND E, SNOW, CHARLES C, MEYER, ALAN D, COLEMAN JR, HENRY J. Organizational strategy, structure, and process [J]. Academy of Management Review, 1978, 3 (3): 546-562.

137. MILLER E L, BURACK E W. A status report on human resource planning from the perspective of human resource planners [J]. Human Resource Planning, 1981, 4 (2): 33-40.

138. MIRZA M B. Safety assessment of industrial construction projects in Saudi Arabia [D]. Dhahram: King Fahd University of Petroleum, Minerals, 2001.

139. MITCHELL T R. Motivation and participation: an integration [J]. Academy of Management Journal, 1973, 16 (4): 670-679.

140. MONDY R W, NEO R M, PREMEAUZ S R. Human resource management [M]. New Jersey: Prentice Hall, 2002.

141. MOORMAN R H, BLAKELY G L. Individualism-collectivism as an individual difference predictor of organizational citizenship behavior [J]. Journal of Organizational Behavior, 1995, 16 (2): 127-142.

142. MOORMAN, ROBERT. Relationship between organizational justice and organizational citizenship behaviors: Do fairness perceptions influence employee citizenship [J]. Journal of Applied Psychology,

1991, 76 (6): 845-855.

143. MORRISON E W, PHELPS C C. Taking charge of work: extra-role efforts to initiate workplace change [J]. Academy of Management Journal, 1999, 42: 403-419.

144. MORRISON E W. Organizational citizenship behavior as a critical link between HRM practices and serve quality [J]. Human Resource Management, 1996, 35 (4): 493-512.

145. MORROW CRUM. Antecedents of fatigue, close calls and crashes among commercial motor-vehicle drivers [J]. Journal of Safety Research, 2004, 35 (1): 59.

146. MOTOWIDLO S J, SCOTTER J T. Evidence that task performance should be distinguished from contextual performance [J]. Journal of Applied Psychology, 1994, 79 (4): 475-480.

147. MULLEN MATTHEW. The case for working together [J]. Financial Executive, 2004, 20 (6): 41-42.

148. MULLEN J, KELLOWAY E K, TEED M. Inconsistent style of leadership as a predictor of safety behaviour [J]. Work&Stress, 2011, 25 (1): 41-54.

149. MULLEN J E, KELLOWAY E K. Safety leadership: a longitudinal study of the effects of transformational leadership on safety outcomes [J]. Journal of Occupational&Organizational Psychology, 2009, 82 (2): 253-272.

150. NEAL A, GRIFFIN M. A study of the lagged relationships among safety climate, safety motivation, safety behavior, and accidents at the individual and group levels [J]. Journal of Applied Psychology, 2006, 91 (4): 946-953.

151. NEAL A, GRIFFIN M A, HART P M. The impact of organizational climate on safety climate and individual behavior [J]. Safety Science, 2000, 34 (3): 99-109.

152. NEAL ANDREW, GRIFFIN MARK. A study of the lagged relationships among safety climate, safety motivation, safety behavior and accidents at the individual and group levels [J]. Journal of Applied Psychology, 2006, 91 (4): 946-953.

153. NISKANEN T. Safety climate in the road administration [J]. Safety Science, 1994, 17: 237-255.

154. NONAKA I, TAKEUCHI H. The knowledge creating company: how Japanese companies create the dynamics of innovation [M]. New York: Oxford University Press, 1995.

155. OLIVER, AMPARO, CHEYNE, ALISTAIR, TOMAS, JOSE,. COX, SUE. The effects of organizational and individual factors on occupational accidents [J]. Journal of Occupational&Organizational Psychology , 2002, 75 (4): 473-488.

156. ORGAN. The subtle significance of job satisfaction [J]. Clinical Laboratory Management Review, 1990, 4 (1): 94-98.

157. ORGAN DENNIS W. A restatement of the Satisfaction-Performance Hypothesis [J]. Journal of Management, 1988, 14 (4): 547-557.

158. OSTERAKER M C. Measuring motivation in a learning organization [J]. Journal of Workplace Learning, 1999, 11 (2): 73-77.

159. OSTERMAN P. How common is workplace transformation and who adopts it [J]. Industrial and Labor Relations Review, 1994,

47: 173-188.

160. OSTERMAN PAUL. Choice of employment systems in internal labor markets [J]. Industrial Relations, 1987, 26 (1): 46-67.

161. PARBOTEEAH K, KAPP E. Ethical climates and workplace safety behaviors: an empirical investigation [J]. Journal of Business Ethics, 2008, 80 (3): 515-529.

162. PARK HYEON JEONG, MITSUHASHI HITOSHI, FEY CARL F, BJORKMAN INGMAR. The effect of human resource management practices on Japanese MNC subsidiary performance: A partial mediating model [J]. International Journal of Human Resource Management, 2003, 14 (8): 1391-1406.

163. PARNELL, CRANDALL. Propensity for participative decision-making, job satisfaction, organizational commitment, organizational citizenship behavior, and intentions to leave among Egyptian management [J]. Multinational Business Review, 2003, 11 (1).

164. PATON, NIC. Government backs accreditation for health and safety consultants [J]. Occupational Health, 2008, 60 (8): 6.

165. PEDRO M A, SERGIO M A. The role of safety culture in safety performance measurement [J]. Measuring Business Excellence, 2003, 7 (4): 20-28.

166. PERDUE S. Measuring performance in occupational safety and health. In Geller, E. S., Williams, J. H. (Eds), Keys to behavior-based safety [M]. Maryland: Government Institutes, 2001.

167. PERRY J L, PORTER L W. Factors affecting the context for motivation in public organizations [J]. Academy of Management Review, 1982, 7 (1): 89-98.

168. PETERSEN D. Safety management: Our strengths and weak-nesses [J]. Professional Safety, 2000, 22 (3): 16-19.

169. PETERSEN D. Authentic involvement [M]. IL: National Safety Council, 2001.

170. PETERSEN D. Measurement of safety performance [M]. Des Plaines, Illinois: American Society of Safety Engineers, 2005.

171. PHILLIPS R. Health and safety in construction [M]. Bath: The Universal of Bath Press, 1998.

172. PODSAKOFF P M, MACKENZIE. Organizational citizen-ship behaviors and sales unit effectiveness [J]. Journal of Marketing Research, 1994, 31 (3): 351-363.

173. PODSAKOFF P M, MACKENZIE, PAINE, BACHRACH. Organizational citizenship behaviors: A critical review of the theoretical and empirical literature and suggestions for future research [J]. Journal of Management, 2000, 26 (3): 513-563.

174. PODSAKOFF P M, MACKENZIE S B, MOORMAN R H, HUI C. Organizational citizenship behaviors and managerial evaluations of employee performance : a review and suggestions for future research [J]. Research in Personnel and Human Resource Management, 1993, 11 (1): 1-40.

175. PODSAKOFF P M, MACKENZIE S B, MOORMAN R H, FETTER R. Transformational leader behaviors and their effects of fol-lowers trust in leader, satisfaction, and organizational citizenship be-haviors [J]. Leadership Quarterly, 1990, 1: 107-142.

176. POLANYI M. The tacit dimension [M]. New York: Anchor Book, 1967.

177. POOLE M. Industrial relations: origins and patterns of national diversity [M]. London: Routledge & Kegan Paul Press, 1986.

178. PORTER L, LAWLER E. Organizational, work, and personal factors in employee turnover and absenteeism [J]. Psychological Bulletin, 1973, 80: 151-176.

179. PORTER LYMAN, PEARCE JONE L, TRIPOLI ANGELA, LEWIS KRISTI. Differential perceptions of employers' inducements: implications for psychological contracts [J]. Journal of Organizational Behavior, 1998, 19 (7): 769-782.

180. PORTER M E. The Competitive Advantage of Nations [M]. New York: Free Press, 1991.

181. PROBST TAHIRA, EKORE JOHN. An exploratory study of the costs of job insecurity in Nigeria [J]. International Studies of Management & Organization, 2010, 40 (1): 92-104.

182. REEVE J. Understanding motivation and emotion (4th ed) [M]. Hoboken, New Jersey: Wiley, 2005.

183. ROBBINS S P. Organization theory: structure, design and applications [M]. New Jersey: Prentice-Hall, 1994.

184. ROBBINS S P. Organizational behavior (11th ed) [M]. New Jersey: Prentice Hall, 2006.

185. ROEHLING MARK WINTERS. Deborah job security rights: the effects of specific policies and practices on the evaluation of employers [J]. Employee Responsibilities&Rights Journal, 2000, 12 (1): 25-38.

186. ROGNSTAD K. Costs of occupational accidents and diseases in Norway [J]. European Journal of Operational Research, 1994, 75

(3): 553-566.

187. ROUSSEAU K, DENISE M. Characteristics of departments, positions and individuals: contexts for attitudes and behavior [J]. Administrative Science Quarterly, 1978, 23 (4): 21-540.

188. ROUSSEAU K, DENISE M, GRELLER, MARTIN. Guest Editors' overview: psychological contracts and human resource practices [J]. Human Resource Management , 1994, 33 (3): 383-384.

189. ROUSSEAU FRANCOIS L, MCKELVIE STUART J. Effects of bogus feedback on intelligence test performance [J]. Journal of Psychology, 2000, 134 (1): 5.

190. RUNDMO TORBJORN. Associations between affect and risk perception [J]. Journal of Risk Research, 2002, 5 (2): 119-135.

191. SANZ-VALLE R, SABATER-SANCHEZ R, ARAGON-SANCHEZ A. Human resource management and business strategy links: an empirical study [J]. The International Journal of Human Resource Management, 1999, 10 (4): 655-671.

192. SCHNAKE M, DUMLER M P, COCHRAN D S. The relationship between 'traditional' leadership, 'super' leadership, and organizational citizenship behavior [J]. Group and Organizational Management, 1993, 18 (3): 352-365.

193. SCHULER, MACMILLAN. Gaining competitive advantage through Human Resource Management practices [J]. Human Resource Management, 1984, 23 (3): 241-255.

194. SCHULER R S. Strategic human resource management and industrial relations [J]. Human Relations, 1989, 42 (2): 157-185.

195. SCHULER R S. Repositioning the human resource function: transformation or demise [J]. Academy of Management Executive, 1990, 4 (3): 49-60.

196. SCHULER RANDALL S, JACKSON SUSAN E. Determinants of human resource management priorities and implications for industrial relations [J]. Journal of Management, 1989, 15 (1): 89.

197. SCHULER JANDALL A, MACMILLAN IAN C. Gaining competitive advantage through Human Resource Management practices [J]. Human Resource Management, 1984, 23 (3): 241-255.

198. SENA J A, SHANI A B. Intellectual capital and knowledge creation: towards an alternative framework [M]. New York: Knowledge Management Handbook, 1999.

199. SEPPALA A. Evaluation of safety measures, their improvement and connections to occupational accidents [D]. Not Available from UMI, 1992.

200. SETTOON BENNETT LIDEN. Social exchange in organizations: perceived organizational support, leader-member exchange, and employee reciprocity [J]. Journal of Applied Psychology, 1996, 81 (3): 219-227.

201. SHARON CLARKE, KATIE WARD. The role of leader influence tactics and safety climate in engaging employees' safety participation [J]. Risk Analysis, 2006, 26 (5): 1175-1187.

202. SHAW, JASON, NINA, DELERY, JOHN E. Congruence between technology and compensation systems: implications for strategy implementation [J]. Strategic Management Journal, 2001, 22 (4): 379.

203. SHORE LYNN, BARKSDALE KEVIN. Examining degree of balance and level of obligation in the employment relationship: a social exchange approach [J]. Journal of Organizational Behavior, 1998, 19 (7): 731-744.

204. SIU O L, PHILLIP D R, LEUNG T W. Safety climate and safety performance among construction workers in Hong Kong the role of psychological strains as mediators [J]. Accident Analysis and Prevention, 2004, 36: 359-366.

205. SMITH C A, ORGAN D W, NEAR J P. Organizational citizenship behavior: its nature and antecedents [J]. Journal of Applied Psychology, 1983, 68 (4): 653-663.

206. SNELL S A. The relationship of organizational context to human resource management: an empirical test of management control theory [C]. Paper Presented at National Academy of Management Meetings, California, 1988.

207. SNELL SCOTTA, DEANJR JAMESW. Integrated manufacturing and Human Resource Management: a human capital perspective [J]. Academy of Management Journal, 1992, 35 (3): 467-504.

208. SOARES M, JACOBS K, AKSELSSON A, et al. Efficient and effective learning for safety from incidents [J]. Work, 2012, 41: 3216-3222.

209. STOKES GARNETT, HOGAN JAMES, SNELL ANDREA. Comparability of incumbent and applicant samples for the development of biodata keys: the influence of social desirability [J]. Personnel Psychology, 1993, 46 (4): 739-762.

210. STRICOFF R S. Safety performance measurement: identif-

ying prospective indicators with high validity [J]. Professional Safety, 2000, 45 (1): 36-39.

211. SU ZHONG-XING, WRIGHT PATRICK M. The effective Human Resource Management system in transitional China: a hybrid of commitment and control practices [J]. International Journal of Human Resource Management, 2012, 23 (10): 2065-2086.

212. SUN LIYUN, SAMUEL ARYEE , KENNETH S LAW. High-performance human resource practices, citizenship behavior, and organizational performance: a relational perspective [J]. Academy of Management Journal, 2007, 50 (3): 558-577.

213. SWARTZ G. Safety audits: Comparing the results of two studies [J]. Professional Safety, 2002, 47 (2): 25-31.

214. TAHIRA M PROBST, TY L BRUBAKER. The effect of job insecurity on emplyee safety outcomes: cross-sectional and longitudinal explorations [J]. Journal of Occupational Health Psychology, 2001, 6 (2): 139-159.

215. THARALDSEN J E, OLSEN E, RUNDMO T. A longitudinal study of safety climate on the Norwegian continental shelf [J]. Safety Science, 2008, 46 (3): 427-439.

216. TOMER JOHN F. Understanding high performance work systems: the joint contribution of economics and Human Resource Management [J]. Journal of Socio-Economics, 2001, 30 (1): 63.

217. TRUSS CATHERINE, GRATTON LYNDA. Strategic human resource management: a conceptual approach [J]. International Journal of Human Resource Management, 1994, 5 (3): 663-686.

218. TSUI KAI-YUEN. Multidimensional generalizations of the

relative and absolute inequality indices: the atkinson – kolm – sen approach [J]. Journal of Economic Theory, 1995, 67 (1): 251-265.

219. TSUNG-CHIH. DT-bottlenecks in serial production lines: theory and application [J]. IEEE Transactions on Robotics & Automation, 2000, 16 (5): 567.

220. TZAFIR S S. The relationship between trust, human resource practices and firm performance [J]. International Journal of Human Resource Management, 2005, 16 (9): 1600-1622.

221. UPTON D M. What really makes factories flexible [J]. Harvard Business Review, 1997, 73 (4): 74-84.

222. VAN DYNE L, GRAHAM J W, DIENESCH R M. Organizational citizenship behavior: Construct redefinition, measurement, and validation [J]. Academy of Management Journal, 1994, 37: 765-802.

223. VAN DYNE, LINN, CUMMINGS L, PARKS, JUDI MCLEAN. Extra-role behaviors: in pursuit of construct and definitional clarity (a bridge over muddied waters) [J]. Research in Organizational Behavior, 1995, 17: 215.

224. VAN DYNE, LINN, LEPINE, JEFFREY. Helping and voice extra-role behaviors: evidence of construct and predictive validity [J]. Academy of Management Journal, 1998, 41 (1): 108-119.

225. VINODKUMAR M N, BHASI M. Safety climate factors and its relationship with accidents and personal attributes in the chemical industry [J]. Safety Science, 2009, 47 (5) : 659-667.

226. VINODKUMAR M N, BHASI M. Safety management practices and safety behaviour: assessing the mediating role of safety knowledge and motivation [J]. Accident Analysis&Prevention, 2010, 42

(6): 2082-2093.

227. VINODKUMAR M N, BHASI M. Safety climate factors and its relationship with accidents and personal attributes in the chemical industry [J]. Safety Science, 2009, 47 (5): 659-667.

228. VINODKUMAR M N, BHASI M. Safety management practices and safety behaviour: assessing the mediating role of safety knowledge and motivation [J]. Accident Analysis&Prevention, 2010, 42 (6): 2082-2093.

229. VON KROGH G, ICHIJO K, NONAKA I. Enabling knowledge creation: How to unlock the mystery of tacit knowledge and release the power of innovation [M]. Oxford: Oxford University Press, 2000.

230. VREDENBURGH ALISON G. Organizational safety: Which management practices are most effective in reducing employee injury rates [J]. Journal of Safety Research, 2002, 33 (2): 259.

231. VROOM V H. Work and motivation [M]. New York: John Wiley&Sons, 1964.

232. WILLIAMS L J, ANDERSON S E. Job satisfaction and organizational commitment as predictors of organizational citizenship and in-role behaviors [J]. Journal of Management, 1991, 17 (3): 601-617.

233. WINOGRAD T. Categories, disciplines, and social coordination [J]. Journal of Computer-Supported Cooperative Work, 1994, 2: 191-197.

234. WRIGHT P M, MCCORMIC B, SHERMAN S, MCMAHM G. The role of human resources practices in petro-chemical refinery

performance [C]. Paper Presented at the 1996 Academy of Management Meeting, Cincinnati, 1996.

235. WRIGHT P M, MCMAHAN G C. Alternative theoretical perspective for strategic Human Resource Management [J]. Journal of Management, 1992, 18: 295-320.

236. WRIGHT P M, SHERMAN W S. Failing to find fit in strategic human resource management: theoretical and empirical problems [J]. Research in Personnel and Human Resource Management, 1999, Supplement 4: 53-74.

237. WRIGHT P M. Introduction: strategic Human Resource Management research in the 21st century [J]. Human Resource Management Review, 1998, 8 (3): 187-191.

238. WU T C, CHEN C H, LI C C. A correlation among safety leadership, safety climate and safety performance [J]. Journal of Loss Prevention in the Process Industries, 2008, 21: 307-318.

239. WU T C, SHU Y H, SHIAU S Y. Developing a safety performance scale (SPS) in departments of electrical and electronic engineering at universities: an exploratory factor analysis [J]. World Transactions on Engineering and Technology Education, 2007, 6 (2): 323-326.

240. WU T C, CHANG S H, SHU C M, CHEN C T, WANG C P. Safety leadership and safety performance in petrochemical industries: the mediating role of safety climate [J]. Journal of Loss Prevention in the Process Industries, 2011, 24 (6): 716-721.

241. YOUNDT MARK A, SNELL SCTT A. Human resource management, manufacturing strategy, and firm performance [J]. Academy

of Management Journal, 1996, 39 (4): 836–866.

242. YOUNDT MARK A, SNELL SCTT A. Human resource configurations, intellectual capital, and organizational performance [J]. Journal of Managerial Issues, 2004, 16 (3): 337–360.

243. YOUNDT MARK A, SNELL SCTT A, DEAN JR JAMES W, LEPAK DAVID P. Human resource management and firm performance [J]. Academy of Management Journal, 2002, 26 (1): 438–467.

244. BARLING JULIAN, IVERSON RODERICK D. High－performance work systems and occupational safety [J]. Journal of Applied Psychology, 2005, 90 (1): 77–93.

245. ZACHARATOS ANTHEA. High－performance work systems [J]. Journal of Applied Psychology, 1998, 56 (4): 34–58.

246. ZACK M H. Managing codified knowledge [J]. Sloan Management Review, 1999, 40 (4): 45–58.

247. ZOHAR D, LURIA G. The use of supervisory practices as leverage to improve safety behavior: a cross－level intervention model [J]. Journal of Safety Research, 2003, 34: 567–577.

248. ZOHAR D, LURIA G. A multilevel model of safety climate: cross－level relationships between organization and group－level climates [J]. Journal of Applied Psychology, 2005, 90: 616–628.

249. ZOHAR D. Safety climate in industrial organization: theoretical and applied implications [J]. Journal of Applied Psychology, 1980, 65: 96–102.

250. ZOHAR DOV, LURIA GIL. Group leaders as gatekeepers: testing safety climate variations across levels of analysis [J]. Applied

Psychology：An International ，2010，59（4）：647-673.

251. 吴明隆. 结构方程式——SIMPLIS 的应用 ［M］. 台北：五南图书出版股份有限公司，2006.